U0337590

网络环境下矿井提升机
智能故障诊断关键技术研究

王　峰　著

中国矿业大学出版社

·徐州·

内 容 提 要

本书根据计算机技术、检测技术、网络通信和故障诊断等技术的发展现状,基于矿井提升机系统的特点,提出了网络环境下矿井提升机智能故障诊断系统,分析了基于信息融合的矿井提升机故障诊断系统和基于自适应神经网络模糊故障诊断的矿井提升机智能故障诊断方法,设计了网络环境下矿井提升机智能故障诊断系统的原型系统。

本书可供矿井提升机设计、制造技术人员及煤矿企业管理人员参考使用。

图书在版编目(C I P)数据

网络环境下矿井提升机智能故障诊断关键技术研究/王峰著. 一徐州:中国矿业大学出版社,2022.10
　ISBN 978 - 7 - 5646 - 5408 - 5

　Ⅰ.①网…　Ⅱ.①王…　Ⅲ.①互联网络-应用-矿井提升机-故障诊断-研究　Ⅳ.①TD534-39

中国版本图书馆 CIP 数据核字(2022)第 090133 号

书　　名	网络环境下矿井提升机智能故障诊断关键技术研究
著　　者	王　峰
责任编辑	吴学兵
出版发行	中国矿业大学出版社有限责任公司
	(江苏省徐州市解放南路　邮编 221008)
营销热线	(0516)83884103　83885105
出版服务	(0516)83995789　83884920
网　　址	http://www.cumtp.com　E-mail:cumtpvip@cumtp.com
印　　刷	苏州市古得堡数码印刷有限公司
开　　本	787 mm×1092 mm　1/16　印张 9　字数 166 千字
版次印次	2022 年 10 月第 1 版　2022 年 10 月第 1 次印刷
定　　价	40.00 元

(图书出现印装质量问题,本社负责调换)

前　　言

　　提升机是煤矿安全生产的重要设备,是集机械、电气、液压于一体的矿山大型复杂机电系统,对煤矿生产的可靠性、经济性有直接影响。随着提升机系统向着大型化、高速化、机电一体化及结构复杂化等方向发展,使得对提升机系统的故障诊断要求越来越高。本书根据计算机技术、检测技术、网络通信和故障诊断等技术的发展现状,基于矿井提升机系统的特点,提出了网络环境下矿井提升机智能故障诊断系统,分析了基于信息融合的矿井提升机故障诊断系统和基于自适应神经网络模糊故障诊断的矿井提升机智能故障诊断方法,设计了网络环境下矿井提升机智能故障诊断系统的原型系统。具体的研究工作如下:

　　针对矿井提升机系统的组成与特点,提出了提升系统对电控系统的要求和网络环境下矿井提升机智能故障诊断系统的网络结构,分析了提升机系统运行状态的采集与处理过程,并在此基础上提出了矿井提升机智能故障诊断系统传感器的总体布局。

　　为了保证提升机系统的安全性,首先系统分析了提升机系统的常见故障、故障分类以及故障的推理过程。在此基础上,深入分析了提升机系统发生过卷故障、断绳故障、主绳打滑故障以及制动系统失效故障的原理,并建立了反映这些故障的故障树,分析了产生这些故障的原因。

　　以提升机系统采集的电流信号、液压站压力信号、提升载荷、提升速度信号为输入变量,构造出了提升机自适应神经网络模糊推理系统。该系统以减法聚类算法为基础,通过将处理后的提升系统中机械、电气、液压等参数引入诊断器,作为 ANFIS 的输入特征向量。采用从陈四楼矿主井提升机系统中采集的提升机运行数据对 ANFIS 进行训练,训练成功后,利用该模型成功地实现了对提升机系统过载、重物下放和液压站欠压故障等进行故障诊断,验证了该诊断方法的有效性。

为了有效解决提升机故障诊断过程中样本数不足的问题,对典型的基于图的半监督学习算法——局部全局一致性学习进行分析。此算法虽然可以对样本进行有效标注,但对于非线性数据却无能为力,且会出现维数灾难现象。为此,在 LLGC 的基础上引入核函数,提出核化局部全局一致性学习,可以有效地解决上述问题。并通过对提升机故障诊断验证了 KLLGC 的有效性和可行性。

基于信息融合的观点,通过采用小波包理论、模糊神经网络、证据理论等工具,针对矿井提升机液压制动系统出现的卡缸故障进行了试验研究。该提升机故障诊断方法不需要系统的数学模型,通过建立能量变化到物理器件故障的映射关系,得到表征物理器件故障的特征向量,直接利用各频率成分能量的变化来诊断故障。

建立了网络环境下提升智能故障诊断系统的原型系统,设计制作了提升机运行状态网络发布软件,实现了浏览器对服务器的访问和提升机故障的远程智能诊断功能,以项目实例分析和验证了网络环境下矿井提升机智能故障诊断系统的可行性。

在撰写本书过程中,得到了徐州市科技计划项目(KC19232)的资助,徐州工程学院各职能部门在出版过程中提供了帮助,并得到了中国矿业大学电气工程学院博士生导师何凤有教授的悉心指导,在此表示感谢!另外,书中参考了大量的文献,也向文献的作者致以诚挚的谢意!

矿井提升机作为煤矿安全生产的关键设备,其故障诊断技术是一个较为复杂的问题,就其理论、方法而言,目前还有很多问题需要进一步深入研究。由于作者水平有限,书中不妥之处在所难免,敬请读者批评指正!

著　者

2021 年 12 月

目　　录

第1章 引　言

　　现代化工业生产中,提高效率、降低成本是企业追求的目标。因此,生产设备的可靠性、安全性与稳定性就是企业进行正常生产活动的重要要求,一旦主要生产设备出现故障,将会引起"链式反应",使企业遭受巨大的经济损失,甚至严重情况下出现人员伤亡的事故,会造成很大的社会负面影响。故障诊断技术能给企业带来巨大的经济效益,其经济意义集中体现在降低维修费用和减少突发故障成本两个基本方面。

　　目前我国作为全球第一能源消耗大国,由于自有能源中石油储量偏低,煤炭储量相对丰富,因此,煤炭在国民经济中占有重要地位。作为煤矿生产的关键设备,矿井提升机是煤矿生产运输中最重要的运输工具,肩负着矿井人员、生产设备的提升和煤炭、矸石以及井下生产材料的提升运输任务,因此在煤矿等矿山的生产过程中,矿井提升机的安全性具有十分重要的地位,其直接决定煤矿能否正常生产。近年来,由于电力电子技术的进步,大功率电力电子器件的出现,以及3C技术的进步与发展,新型拓扑结构的广泛应用,矿井提升机安全性与可靠性要求的提高,使得矿井提升机的结构和组成越来越复杂。矿井提升机系统在其运行的各个阶段,由于其各个组成部分出现故障,提升机在不同的运行工况下系统内部出现扰动,或者由于提升机系统所处环境发生变化,导致系统整体参数变化等情况,以及提升机系统机械、液压系统等出现故障均能影响矿井提升机的安全性与可靠性。因此,为了保障提升机系统的可靠运行,需要煤矿管理人员与技术维修人员更深入地掌握提升机系统的专业知识和技能,但这在实际中往往具有很大的难度。而且由于矿井提升机是一个关系煤矿能否正常生产的关键因素,其安全性与煤矿生产人员的人身安全息息相关,因此,提高提升机系统的可靠性是一个非常重要而又亟须解决的研究课题。如何实现对提升机系统运行状态全面感知,实现对矿井提升机系统的全面监视,发现故障及时进行定位、分析以及查找故障原因,以弥补煤矿现场技术人员水平的不足,同时实现提升机系统预知维修和主动式安全保护,是十分必要的。以物联网技术为代表的网络技术的发展为实现提升机系统的智能故障诊断提供了必要的技术条件与物质基础。

　　作为信息技术进一步发展的产物,物联网技术是继计算机、互联网后世界信息产业的第三次浪潮,采用物联网技术一方面可以提高经济效益、大大节约成本,另一方面可以为经济的发展提供技术推动力。2009 年 8 月 7 日,温家宝总理在无锡进行考察时,提出要在无锡建立"感知中国"中心[1-2];同年 11 月将物联网列为国家战略新兴产业之一,2010 年 3 月物联网产业正式进入国家战略规划层面。由此,中国掀起了物联网热潮。鉴于国家的重视和我国煤矿安全生产的需要,徐州市政府与中国矿业大学于 2010 年 4 月 6 日在中国矿业大学举行了"感知矿山"物联网技术发展论坛,在会上中国矿业大学和徐州市达成了共同引进物联网方面的领军人物和技术人才,不断加强校地、校企的合作力度,积极推进物联网产业发展的合作目标。同时以矿山安全物联网示范工程建设为突破口,打造辐射全国的"感知矿山"中心。目前,国内外基本上将物联网技术应用在环境监测、智能交通、物流管理、智能电网、精准农业控制等方面,在煤炭行业的应用尤其是在矿井提升机智能故障诊断方面的应用还没有涉及,它属于电气工程领域的前沿课题。因此以物联网等网络技术为基础,开展网络环境下的提升机智能故障诊断技术研究意义重大。

1.1　研究背景和意义

矿井提升机作为煤矿生产的关键设备,主要由机械设备、电控设备、液压制动设备等组成,其主要用于主井提升煤炭,副井升降人员及生产设备、矸石等。提升机械设备主要由罐笼(主井为箕斗)、井架、装卸载设备、滚筒等组成;电控设备主要由变压器、提升电机、提升工艺控制设备、功率控制设备、操作装置等组成;液压制动设备主要用来保证提升机系统能够可靠停车。矿井提升机作为矿井生产中通风、排水、压风、提升四大机械设备之一,由于没有备用设备,一旦出现故障就要停产,因此,提升机是煤矿安全生产的关键设备,直接关系矿井能否安全可靠地生产。

由于矿井提升机是煤矿联系矿井地面与井下的唯一设备,因此国内外都将提升安全放在极为重要的位置,但由于存在设备以及管理方面的问题,每年还是有大量提升方面的安全事故发生。近年来,我国煤矿提升事故经常发生,2003年前 5 个月,提升系统事故导致死亡 223 人[4]。2004 年,安徽省某矿混合井主井发生主绳断绳坠斗事故,导致该矿井停产 3 个月,造成了巨大的经济损失;2009 年 10 月 8 日,湖南省某矿主提升井发生钢丝绳断绳事故,当时罐笼内有 31人随罐笼坠入井下,造成 26 人死亡、5 人重伤的严重事故。矿井提升事故不仅在国内经常出现,在国外同样经常出现,根据波兰发生的提升事故情况的统计数据及资料,得出了图 1-1,其中图 1-1(a)给出了各类提升事故占提升系统事故总数的百分比,图 1-1(b)给出了各类提升事故的持续时间占总事故持续时间的百分比[5-6]。从图 1-1 中可以看出,过卷事故、机械事故、坠斗事故、电控设备故障、钢丝绳损坏和提升容器损坏占了相当大的比例。根据《中国煤矿事故暨专家点评集》的统计,截至 1995 年,全国各煤矿因提升事故导致死亡 19 871 人,占事故死亡总人数的15.06％,是煤矿中排在第三大的事故种类。因此,要高度重视并解决好煤矿提升系统安全问题[5]。为了解决提升机的安全运行问题,通过对全国部分煤矿提升机进行技术测试和检查,发现大部分提升机的使用情况良好,但存在一些普遍性的问题,这些问题制约了煤炭的开采,增加了煤炭的生产成本,同时也影响了煤矿的安全生产[6]。主要表现在以下几点:

(1)制动装置可靠性较差。制动装置是提升机的重要组成部分,按照要求,闸盘加工表面粗糙度应达 1.6,偏摆量越小越好,最大不应超过 0.5 mm。但有的矿提升机安装质量差,从而造成主滚筒端面凹凸不平,使滚筒在运转时制动轮间歇摩擦闸瓦,从而造成电动机电流波动大,电耗增加,并加快了闸瓦的磨损进程。有的矿液压站油压偏低、不稳,造成松闸不彻底,有时还会因某些干扰因素引起突然紧闸现象。有的矿不按规定使用液压油,由于油质差,导致事故概率增大。还有的矿闸盘空动时间不一致,造成制动力不均,从而影响提升系统的机械寿命。

(2)提升机保护功能不全。按照《煤矿安全规程》的要求,提升机应具备防过卷装置、限速装置、防过电压与欠电压装置、防过速装置、深度指示器失效保护装置、闸瓦磨损保护装置和松绳保护装置等,这些保护应能满足相应的技术条件。但很多煤矿都存在深度指示器指示不准确,不能显示提升机的实际运行位置等问题,容易导致司机误操作现象;还有的矿存在限速装置不起作用或误动作现象;还有的矿存在闸盘监控装置不灵敏等问题。

(3)规章制度不严、操作人员技术水平差等。由于在矿井提升机的使用、维护和管理过程中涉及电气、机械和液压等方面的知识和技能,这就需要矿井操作人员和管理人员具有极强的责任心和专业技能。因此,需要不断地根据设备的情况和状态,进行技术培训和专业学习,还要经常进行安全教育。但有的矿井存在安全防范意识不强,甚至存在个别绞车司机酒后进行提升操作的现象。在部分地方煤矿,大部分司机完全依靠经验操作,不按提升机预定速度图运行;部分小煤矿提升司机严重不足,随便找没有经验的人员不经培训就上岗作业。还有部分矿井忽视提升机系统的日常维护工作,造成提升机长期带"病"运行,从而严重影响提升系统的可靠性。

从上述对矿井提升机的事故与故障发生的情况以及国内外的研究资料可以

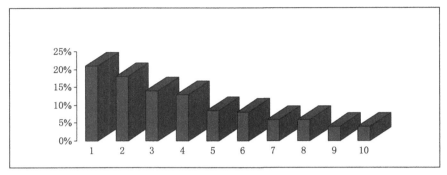

（a）提升系统各类事故在提升事故总数中的占比

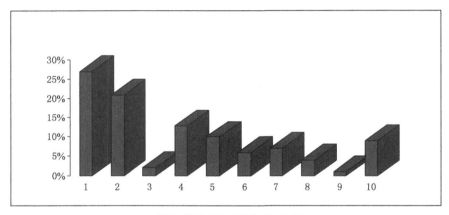

（b）提升系统各类事故持续时间的占比

1—过卷事故；2—机械事故；3—电控设备故障；4—坠斗事故；5—钢丝绳损坏；6—提升罐道损坏；
7—提升尾绳损坏；8—提升容器损坏；9—天轮损坏；10—其他事故。

图 1-1　提升系统事故统计图

看出，发生在矿井中的提升机故障，除了一部分是由于提升机系统自身设计缺陷和安装误差造成的以外，绝大部分事故均是由人为失误以及管理不到位引起的，如矿井维修人员不按制度进行维修，提升机司机违规操作等。我国煤矿安全主管部门为了保证矿井提升机的安全运行，在《煤矿矿井机电设备完好标准》、《煤矿安全规程》及相应的提升机标准中，对提升机的安全与保护性能给出了严格的闭锁要求与详尽的连锁保护标准，同时规定安装调试后的提升机必须经过相关检测部门的检测后方可投入运行，但许多矿井还是经常出现提升安全事故。为了更好地对提升事故进行处理，就需要查找事故的原因，以便采取相应措施来正确处理。为了尽快查找出提升机故障的原因，就需要对提升机的状态进行监测和感知,同时实现远程故障诊断,实现对提升机系统的可视化、数字化与智能化处理,对提升机故障进行预防,做到防患于未然。在我国早期的维修制度中,采用了苏联等国家的定期检修策略来保证提升机的正常运转,其主要的维修方式是定时对提升机各部件进行拆解检修,但这种检修方式不仅不能减少故障,相反还会由于各种原因导致故障增加。对于现代化的矿井来说,停机维修会直接影响矿井的生产,所以这种定期检修的计划预防维修已经不能适应当今煤矿生产发展的需要,有可能还会造成经济损失[7]。而对于提升机系统来讲,故障和事故总是随机发生的,系统的可靠性不能通过拆解维修得到改善,尤其是提升机系统的偶发性故障,更是一个难以解决的问题[8]。

要解决矿井提升机系统运行中存在的相关问题,实现预防性维修[9],保证提升系统的安全可靠,开展网络环境下的矿井提升机智能故障诊断研究是十分必要的,且具有重要的现实意义和理论研究价值。主要表现在:① 在提升机运行过程中,通过提升机故障诊断系统实时监控提升机的运行状态,并向提升机操作人员和维修人员提供清晰明了的系统运行情况,使提升机能够得到合理的利用和安全可靠的使用,达到避免故障和重大事故发生的目的。② 现有提升机系统在提升机出现故障时对第一故障点的捕捉能力不足,会造成现场维护人员维修困难,维修时间过长,效率低下。③ 通过开展对提升机系统智能故障诊断的研究,可以根据对系统中过去发生故障的情况进行分析与总结,以及对系统中各个部件使用情况的确定,实现对提升机系统的及时可靠的维护,减少突发事故的发生,减少由于提升机故障导致矿井生产效率的降低,并避免不必要的经济损失。④ 通过对提升机系统进行感知与实时监控,开展全面的智能故障诊断研究与应用,可以提高矿井的自动化水平,降低工人的劳动强度,提高其工作效率,降低矿井生产成本,是实现矿井自动化采煤的重要保障。因此,提高提升系统的安全性与可靠性,开展网络环境下的提升机智能故障诊断研究是十分必要的。

1.2　国内外研究现状

1.2.1　故障诊断研究现状

近 20 年来,故障诊断是随着计算机技术、通信技术、自控技术(即所谓 3C 技术)的普及与快速发展而形成的一门综合性的新兴边缘性工程科学,以大型机电设备的管理、系统运行状态的检测与监控以及故障诊断为主要研究对象[10]。在工业革命出现的 19 世纪,大型设备的故障监测以及诊断技术就已经出现,其发展过程一直与大型设备的维护、维修与管理等紧密结合在一起,经历了事后维修、定期检修以及状态实时检测等不同的发展阶段。

对大型机电设备故障诊断的研究,世界各国学者都进行了不懈的努力,推动了故障诊断理论与技术研究水平的不断进步与发展,其中,欧洲维修团体联盟(EFNMS)对故障诊断技术的研究推动力度最大。在这些研究思路中,英国的设备综合工程学(Terotechnology)、美国相关科研技术人员提出的后勤学(Logistics)、亚洲以日本为代表提出的全员生产维修(TPM)观点成为主要的大型机电设备故障诊断领域的指导思想[11]。故障诊断技术真正作为一门科学发展起来,始于20世纪60年代。最早的文献记载是1967年由美国海军研究室主导的美国机械故障预防小组(MFPG),开始进行故障诊断技术的研究与开发[12]。随后,基于解析冗余的故障诊断方法由美国学者Mehra、Beard等相继提出[13-14],其中标志性的理论成果为Beard于1971年提出的通过自组织的方法比较稳定闭环系统观测器的输出来发现复杂机电系统的故障。1976年,Willsky对故障诊断技术进行了第一次系统综述[15],Himmelblau于1978年编写了第一部系统性介绍有关故障诊断技术与理论的专著[16]。

故障诊断技术作为一门交叉学科,其研究领域涉及现代控制理论、检测技术、控制论等多种学科,也得益于这些学科的发展以及新技术和传感器的出现,为大型机电设备的故障诊断技术提供了有力的技术保障以及理论条件,从而产生了大量行之有效的新技术、新方法。故障诊断技术的发展经历了三个阶段:第一阶段由于所用机器设备相对比较简单,主要靠技术人员或专家的感觉、个人经验以及简单的仪器仪表就能进行故障诊断与排除工作。第二阶段以传感技术为基础,借助于动态测试技术,以信号分析和建模处理为手段,通过传感器对设备的状态与运行情况进行采集,经过控制设备对系统运行情况进行分析和处理,全面分析设备的状态,从而根据设备的实际运行状态进行必要处理。该阶段是基于故障预测的故障诊断阶段,在工程中已得到广泛的应用。第三阶段以人工智能技术为核心,采用以推理机和专家系统为核心的智能化处理方法,来代替传统的以传感器信号以及信号采集和分析为手段的传统的故障诊断方法,在该过程中专家知识是故障诊断技术中最重要的知识基础。目前,在故障诊断领域,美国在军事领域和航天工业方面居于世界主导地位;对于汽车监测与监控技术、摩擦磨损技术与理论方面的研究,英国居于世界领先水平;法国在核电技术领域居于世界领先水平;而日本则在钢铁、化工领域起步最早,发展也最快。

我国开始对动态系统故障诊断技术的研究要比国外晚约10年,于1979年开始进行设备诊断技术的研究,起步较晚。最早的故障诊断技术的研究工作是清华大学的方崇智教授从1983年开始的。随后,国内第一篇故障诊断技术的综述性文章由叶银忠等于 1985 年在《信息与控制》上发表[17];1994 年,第一本研究动态系统故障诊断技术的专著由清华大学出版社出版[18];之后又陆续出版了一些反映我国在故障诊断方面研究成果的专著[19-21]。为了更好地开展故障诊断技术的研究,国际自动控制联合会(IFAC)决定从 1991 年起,每 3 年召开一次世界性的控制系统故障诊断专题学术会议。1997 年在北京召开了第 14 届 IFAC 年会,发表了数十篇有关故障诊断的论文。中国自动化学会技术过程的故障诊断与安全性专业委员会于 1997 年由中国自动化学会批准成立。随后,全国首届技术过程的故障诊断与安全性学术会议于 1999 年在清华大学召开。目前,故障诊断技术在我国航天、化工、能源开采设备等领域应用较好。为了更好地促进动态系统故障诊断技术的应用,在互联网技术开始广泛应用后,我国多所高校先后开发了一些远程故障诊断系统,并应用到不同的行业中去。表 1-1 列出了目前国内部分高校在远程故障诊断方面的研究成果[22]。

表 1-1　国内远程监控系统研究情况

远程诊断案例	应用场合	研究单位
建立远程服务体系的研究	装备制造业	同济大学
大型变电设备的远程监控与网络诊断系统	大型电站	清华大学
基于 Internet 的远程监控系统	大型机床	华中科技大学
分布式远程智能诊断系统	装备制造业	东南大学
远程智能监控系统	装备制造业	南京理工大学
提升机闸瓦远程监控系统	提升机	山东科技大学、中国矿业大学
感知矿山物联网系统	煤矿及其他矿山	中国矿业大学

故障诊断与预测的历史和人类对设备的维修方式紧密相连。早期设备复杂程度和技术水平都较低,人类对生产设备的维修基本上采用事后维修的方式。而在 20 世纪以后,由于生产流水线的出现,大型生产设备包括矿井提升机本身的复杂程度和技术水平都有了极大的提高,矿井提升机的故障对煤矿安全生产的影响显著增大,这样就出现了定期维修,以便在故障出现之前就加以处理。从 20 世纪 60 年代开始,美国军方最早开始采用预知维修来代替传统的定期维修方式。据文献[10]描述:美国 1980 年全年在工业生产过程中出现的维修费用达 2 460 亿美元,其中占总维修费用的 30%,即约 750 亿美元的维修费用是由于过剩维修和失修而浪费的。由于采用了故障诊断技术,日本发生大型事故的概率降低到 25%,而由此产生的工业设备的维修费用降低了 25%~50%。而在英

国,通过对 2 000 个工厂的调查,由于采用了故障诊断技术与措施,每年维修费用节约了 2.5 亿英镑,大大降低了企业的运营成本和故障率,提高了工作效率。从上述情况来看,通过对大型设备进行远程故障诊断,实现预知维修,不仅可以降低大型设备的故障率,同时还能减少系统的过度维修和设备失修现象,从而带动故障预测技术的发展。

现在,随着大型设备的复杂化,要对其进行故障诊断越来越难,同时由于检测手段的限制,要获得其完备的信息也越来越困难。而故障诊断技术目的就是找到大型设备故障产生的原因,通过对大型工业设备参数的实时监测、监控,对出现的异常情况与状态进行报警,争取实现对早期故障的发现。通过对设备实时数据与状态的分析并与历史数据进行对比,从而对大型设备的运行状态进行评价与分析,从而实现预知维修和主动式的安全保护功能。大型复杂设备可靠性技术的研究由于故障检测与诊断技术的出现而取得了新的突破,是人们解决系统的可靠性、安全性和科学决策的关键之一。复杂系统和过程的故障诊断问题是一个十分广泛的研究课题,面对存在的不足和不断变化的诊断需求,结合人工智能、信息处理、计算机、物联网等相关技术领域的发展,认为当前的智能诊断技术的发展需要着重解决以下几方面的问题:① 系统与设备故障的物理与化学过程研究工作,包括由于零部件的疲劳、磨损、氧化、腐蚀、断裂等引起的机械、电气等零部件故障的物理、化学原因的研究。② 系统与设备故障诊断信息学方面的研究工作,包括通过传感器对信号进行采集、通过控制器和处理器对信号进行分析与处理的过程。例如通过物联网技术和传感器系统采集提升机的各种运行信号,如转速、温度、电流等,再通过系统处理来了解提升机的运行状态。③ 系统与设备故障的诊断逻辑与数学原理方面的研究,包括通过采用推理机、逻辑运算、人工智能以及仿真模型等方法与手段,根据系统与设备可观测故障表征来确定系统要采用的检测方法与手段,从而根据检测结果来进一步分析故障原因和判断故障部位。因此,如何针对矿井提升机系统的特点,构建基于网络环境的提升机智能故障诊断系统,研究能够更好模拟专家思维的故障诊断策略,对混合式故障诊断系统的深入发展是非常关键的,也是今后研究工作中需要重点解决的内容。

1.2.2　网络技术研究现状

计算机网络技术的迅猛发展,带动了工业控制水平的快速提高,1974 年,美国国防部开发出 TCP(传输控制协议),1978 年 TCP 分为 TCP 和 IP。1990 年,最早的局域网交换机出现,加之工业以太网(Ethernet)和现场总线技术的出现,使得煤矿自动化水平、监测监控以及故障诊断水平有了极大的发展。而传感器的发展,使得检测技术水平进一步提高,带动了煤矿提升机产品生产技术水平的进步。世界上最早的无线传感器网络(wireless sensor networks,简称 WSNS)的雏形——噪声检测系统[23-24]在 20 世纪 50 年代就出现了,刚开始作为军用,90 年代转为民用。21 世纪随着微机电系统(MEMS)等新技术的出现,传感器节点的成本更低,体积更小,文献[25]中提到的由 UCB 公司所制造的传感器节点的尺寸只有几毫米大小。文献[26]中提到,由于 MEMS 技术的出现,1999 年美国空军 TASS 项目能够进行分布式计算和信息的处理。文献[27]中指出,21 世纪最重要的 21 项技术中,就有无线传感器网络技术,这是由美国商业周刊于 1999 年 9 月给出的。从此,无线传感网络的研究成为一个学术热点。随着互联网产业和无线通信技术的发展,无线传感器网络的研究和发展进入了更广泛的领域,包括农业、工业、智能电网等领域[28]。当前物联网技术已经成为知识高度集成、涉及多个学科交叉的研究热点,在中国掀起了产业化的浪潮[28]。目前全国已有多所高校开设了物联网专业。以物联网技术为代表的网络技术综合了传感器技术、检测技术、无线通信技术、网络技术等,能够实现对各种不同的环境与使用对象的有效监控,同时可以通过自组织的无线跳变方式向最终用户传递有效信息,可以实现人、物与虚拟的计算机世界之间的信息交换[29-30]。

经过多年的发展,物联网(无线传感器网络)的应用领域已经越来越广泛,在工农业生产的各个领域,都有物联网技术的应用[29-33]。目前,以物联网为代表的网络信息技术已经广泛地应用在水下[32]、智能交通、物流业、现代农业等领域;在煤矿等矿井中,以物联网技术为代表的网络技术广泛地应用于矿井综合自动化、人员定位、安全监控等领域[33];在海洋测绘等领域,物联网等网络技术还可以用来实现对人无法到达的深部海底地貌的探测与绘制等[34]。目前,以物联网为代表的网络技术受到了全世界各国政府与相关科研人员的重视,文献[28]和[31]详细地叙述了物联网(无线传感器网络)目前的研究进展以及世界各国对无线传感器网络项目的支持情况。我国政府对此也十分重视,2006 年,无线传感器网络技术被列入《国家中长期科学和技术发展规划纲要(2006—2020 年)》[35],这为无线传感器网络研究创造了良好的大环境,同时也说明了物联网技术研究的重要性。

物联网在互联网基础上,利用无线传感网与互联网之间的结合,实现物物相联,通过云计算等技术的运用,可以使数以亿计的各类物品的实时动态管理成为可能,从而极大地改变目前的生活生产方式。2009 年 1 月,IBM 总裁兼 CEO 彭明盛在美国工商业领袖圆桌会上,提出了"智慧地球"(smart earth)的新理念,同时建议大规模投资新一代智慧型基础设施,以达到占领互联网后又一技术高地的目的[36]。

2009 年 8 月 7 日,温家宝总理在无锡考察提出,要加快推进传感网研究与发展,并在无锡建立"感知中国"中心[1,37]。为了在物联网发展中占领先机,传感网国家标准工作组于 2009 年 9 月 11 日在北京正式成立。在成立传感网工作组的当天,召开了"感知中国"高峰论坛。在这次会议上,中国移动集团高层人士提出物联网产业将是下一个"万亿"级产业的观点。温家宝总理于 2009 年 11 月 3 日提出要重点发展物联网与传感网的关键技术。由此可见,当前世界各国现代产业发展的热点之一就是传感网和物联网技术,包括美国、日本在内的许多发达国家都加大了对物联网技术的研究,同时加大了对智慧型基础设施建设的投资力度,试图在物联网产业中占得先机。在这一浪潮中,传感网和物联网也及时地被我国政府列为国家重点发展的战略性新兴产业之一。

2010 年 8 月 10 日,江苏中矿智慧物联网科技股份有限公司正式成立,该公司是国内首家以矿山物联网技术为主导的高科技公司,标志着徐州物联网建设迈入一个新阶段。该公司依托中国矿业大学的技术优势,基于物联网技术的三层技术体系,实现对煤矿井下环境的全面感知,目前首期示范工程已经通过验收与鉴定。

从 20 世纪 90 年代末开始,随着新型智能传感器、大规模集成电路、Wi-Fi 技术、无线通信技术、分布式处理器、检测与现代控制技术、微机电系统、云计算技术和移动互联网技术的发展,以及新材料的出现,纳米技术和新工艺的使用,现代传感器越来越向微型化与智能化发展,甚至出现了智能微尘等,并在此基础上研究出了具有感知、无线通信和计算功能的智能处理器。与此同时,在对传感设备进行处理时,出现了现场总线技术,该技术出现的目的是解决数字仪表内部的数据传输,实现模拟信号的数字化传输,后来被用来解决控制室中控制设备与现场安装的各类传感器之间的数字信息的传输与解码等。同时,网络技术的发展也离不开现场总线技术的发展。20 世纪 80 年代以来,世界上很多发达国家的相关厂商推出了多种现场总线协议,如 ModBus、PROFIBUS、Can 总线等。目前,在矿井中常用的网络为工业以太网,由于工业以太网具有传输速率高、性能稳定的特点,可与我国矿井中普遍采用的主控制器即西门子 S5/S7 等设备兼容通信(发送/接收),同时可以通过 PROFIBUS 等现场总线与矿井现场存在的各种传感设备之间进行通信。这些技术的进步与发展进一步带动了网络技术、传感技术、控制技术之间的相互融合,使得它们之间的互联互通成为可能。因此,将网络技术与提升机系统结合起来,在提升机系统内大量部署传感器节点,通过 ZigBee、Wi-Fi 等技术构成无线传感器网络,采用无线通信方式进行智能组网,并与提升机主控系统进行通信,该网络具有信号采集、提升机位置检测、提升机运行状态判断、系统信息的自动传输等功能,并将感知和采集到的信息传输到提升机主控系统,经过处理后将信息传输到司机、矿方管理人员甚至生产厂家等,从而实现网络环境下提升机智能故障诊断功能,这对提高提升机系统的可靠性具有十分重要的意义。

1.2.3　矿井提升机系统故障诊断研究现状

在矿井提升机故障检测与诊断的研究方面,目前国内外学者做了大量工作,取得的成果如下:文献[38]通过采用模糊控制的原理和方法,针对提升机系统的开关量、模拟量和控制量的不同,采用不同的处理方法,开发出了基于专家系统的 TKD 矿井提升机故障诊断系统;文献[10]指出,利用 Turbo Prolog 语言,在DOS 环境下,开发出了基于专家系统的矿井直流电控系统故障诊断的知识表示及推理方法,有效地解决了直流提升机的故障诊断问题;文献[39]提出了基于多Agent 理论的矿井提升机远程故障诊断系统。中国矿业大学相关人员主要做了以下工作:周建荣利用单片机技术开发了直流提升机监控和故障诊断系统[40];邓世建主要研究了大型电力传动设备的远程故障诊断,主要侧重于对通信功能的实现以及对电力电子元件故障仿真的研究[41];周瑾采用小波分析原理,通过将传感器采集到的压力信号经过去噪处理,以及对提升系统液压参数进行有效的分析,采用小波理论,成功地解决了制动油压的智能判别问题[42];汪楚娇对矿井提升机进行故障诊断,主要侧重于本体理论在提升机故障诊断方面的应用[11];牛强对矿井提升机故障诊断的研究则侧重于对本体知识与语义知识的融合,采用粗糙集理论对矿井提升机系统进行故障诊断[43]。中国矿业大学肖兴明[44]和太原理工大学雷勇涛[45]侧重对矿井提升机制动系统进行故障诊断。山东科技大学郑丰隆[6]对提升机主井坠斗事故进行了分析并提出了如何预防坠斗事故。杨淑珍、徐文尚等[46-47]侧重于研究模糊专家系统在提升机故障诊断方面的应用。

人们在提升机故障特征参数提取与信号处理方面进行了大量研究,取得了不少阶段性研究成果。文献[48]利用小波包理论对矿井提升机减速箱的微弱故障特征进行提取,用于对提升机减速箱的故障诊断;文献[49]利用频谱分析及系统动态受力分析原理,通过对 ZG-70 型减速箱出现的振动故障的动态测试结果进行分析,得到了减速箱振动故障产生的原因;文献[50]提出用噪声信号进行减速箱齿轮磨损故障的判断标准,其采用的方法是通过对提升机减速箱噪声测试与分析,得出减速箱在正常状态下的标准噪声频谱图,并将减速箱故障频谱图与之进行对比,从而得到提升机减速箱齿轮故障的判断标准;文献[51]以振动强度和振动频谱分析为依据,对提升机减速箱的损坏原因进行分析和诊断;文献[52]通过采用小波信号奇异性和频域分析的方法对提升罐道的振动信号进行分析,从而建立了提升罐道典型故障与特征信号的关系；文献[53]提出了判断提升机罐笼是否安全运行的标准，该标准以提升机运行加速度变化率作为判断标准；文献[54]提出了判断提升钢丝绳断丝位置的方法。

模糊数学理论于1965年由著名的自控专家 L. A. Zadeh 教授提出，在其论文中首次提出了"隶属函数"的概念，这是模糊数学的概念首次被提出[47]。英国工程师 E. H. Mamdani 在1974年首次将 Fuzzy 集合理论用于锅炉与蒸汽机控制，并取得了成功[55]。随后，模糊理论被控制界广泛应用于那些难以建立数学模型的控制系统。1983年，日本学者 M. Sugeno 将一种基于语言真值推理的模糊逻辑控制器应用于汽车速度自动控制，并取得成功。1985年，世界上第一块模糊控制芯片在贝尔试验室诞生，标志着模糊技术正式走向实用化。我国直到1976年才开始进行模糊理论的研究。目前，我国已经将模糊控制理论应用到化工、机械、冶金、工业炉窑、水处理、机器人、家用电器、电力传动控制、航天、水泥回转窑等方面，国内不少院校和研究所都开展了模糊理论研究，取得了长足的发展。

对于大型机电设备的故障诊断技术研究，人们提出了许多不同的研究方法，尤其是在将模糊理论与人工神经网络结合起来以后，出现了自适应模糊神经推理系统（ANFIS），目前该理论已经广泛应用于多种机电设备的故障诊断领域。如曹政才等在文献[56]中将 ANFIS 模型应用于半导体生产线中设备故障的预测，成功地解决了半导体生产线的设备调度问题；孔莉芳等在文献[57]中采用 ANFIS 建立故障诊断模型，采用减法聚类的方法确定模型的初始结构，成功地解决了汽车发动机的振动参数故障问题；林剑艺在文献[58]中利用 ANFIS 模型，采用减法聚类的方法实现了对江河径流量的中长期预报。因此，采用 ANFIS 模型，利用减法聚类算法实现对矿井提升机的故障诊断是可能实现的。

对于数据融合的研究，国内外学者做了大量的研究工作。文献[59-62]列出了部分国外学者在数据融合领域做的研究工作，文献[63-65]为国内学者在数据融合领域所做的工作，但这些文献都是针对某一特定领域做的研究，没有提出数据融合的一般性研究。近年来，随着技术的发展和物联网技术的出现，很多学者在多传感器信息融合领域进行了大量的研究工作，尤其在煤炭工业中更是如此。文献[66-68]为国内学者在煤矿瓦斯突出预测方面所做的工作，其采用的方法就是多传感器信息融合技术。文献[69]分析了多传感器信息融合技术在矿井提升机故障诊断系统中的应用，文献[70]分析了液压制动系统的多传感器信息融合诊断方法。上述文献表明：利用多传感器信息融合技术进行矿井提升机故障诊断是一种行之有效的方法。文献[71-72]研究了基于故障树的矿井提升机故障诊断方法；文献[73-74]总结了国内外智能故障诊断方法的研究现状，并介绍了其在矿井提升机故障诊断中的应用;文献[75]基于小波理论,对矿井提升机钢丝绳磨损程度等提升机运行趋势进行预测;文献[76]结合神经网络理论和模糊理论,建立了矿井提升机模糊故障诊断模型,并对提升机系统中超速过卷等故障进行智能诊断。但这些研究都是针对提升机故障,采用单一诊断方法进行故障的针对性预测,基本上没有采用综合的智能故障诊断方法对提升机系统的故障进行系统研究。

国外在故障监测和诊断系统的研制与开发上明显走在了前面。20 世纪 80 年代,日本就开发了 CF 系列信号监测分析仪器,欧美国家也开发了不少监测系统产品,如丹麦的 B-K 公司、美国 HP 公司、瑞典的 ABB 公司等先后推出了自己的监测产品。现在还出现了许多便携式在线监测系统,使得故障监测与诊断更加方便,如美国 SD 公司的 M6000 系统,ENTEK 与 CSI 推出的监测系统,Bently 公司的 DDM 等各种在线式故障监测诊断系统。国内哈尔滨工业大学、清华大学、华中科技大学、西安交通大学等单位也先后推出了自己的故障诊断系统。随着网络技术的发展,西安交通大学、华中科技大学、中国矿业大学和辽阳市辽化设备诊断工程中心等单位推出了基于 Windows NT、Internet 网的组态式集散监测与诊断系统。这些系统具有柔性好、性能价格比高、易于扩展的特点,在工程实践中得到了广泛应用。

在提升机工况监测系统的研制方面,国内外学者做了大量工作,主要表现在以下几个方面:

一是以监测仪表作为主要的测试装置,包括使用电压表、电流表测量提升机电控系统中继电器的整定电压、电流值,用振动传感器监测主轴的振动情况,用电秒表测量继电器延时时间和制动器空动时间,用霍尔元件监测提升机的闸瓦间隙,用油压传感器测量制动器油压,用加速度传感器测主轴的振动,用红外成像仪监测提升电机的温度,用光线示波器检测运行速度、加/减速度[77-82]。

二是利用计算机技术对提升机进行监控与故障诊断。在国内,根据我国的实际情况,目前在老提升机上进行了计算机辅助监视的研究[83-84]。国外在提升机状态监护方面的研究中,具有代表性的有 ABB、西门子、SIMAG 公司的提升机监控系统,其主要技术均采用 PLC 或者工控机,并对提升机安全保护系统、行程控制系统和制动系统中的大部分参数进行了监测与控制[85],但是在网络环境下提升机智能故障诊断的应用方面则存在不足之处。

1.2.4　矿井提升机远程诊断需要解决的问题

目前,我国提升机故障诊断方面的专家严重不足,为减少提升机故障带来的经济损失,国内外许多科研机构和生产厂家研制开发了各种提升机故障诊断系统。而网络环境下的矿井提升机智能诊断系统在现场的使用基本上还属于空白。国内外学者针对提升机故障特征进行研究,取得了一系列的研究成果[86-93]。大型旋转机械的故障诊断是目前国内外研究的热点,而针对矿井提升机系统的研究较少。其主要表现为:

(1)对提升机故障诊断系统进行的研究,主要集中在对提升机的状态进行判断,系统功能少,只对提升机的9项重要保护进行判断。

(2)监测到的参数基本上不进行处理,只强调系统的监护功能,智能诊断能力差。

(3)目前开发出的提升机专家诊断系统,具有明显的局限性,对提升机第一故障点的捕捉能力不足,系统基本不具有学习能力。

(4)目前缺乏关于提升机故障诊断的机理以及系统特征参数提取的针对性研究,不能将专家知识与经验有效地应用到提升机系统。

(5)目前大部分提升机故障诊断只是简单地将提升机故障的特定信号对应特定故障,对故障之间的相互联系没有进行综合分析。

(6)现有故障诊断系统很难进行功能扩充,人机交互能力差。

(7)现有提升机故障诊断系统是建立在传感器、控制器与执行器完全正常的基础上的,没有考虑系统的容错能力,一旦一个部件出现故障,将对提升系统的可靠性造成影响。

因此,作者经过认真分析现有提升机故障诊断系统,认为要解决现有系统中存在的不足,提高系统的可靠性,网络环境下的提升机智能故障诊断系统需要解决以下问题:

(1)系统信息来源单一问题。矿井提升机故障的发生是生产环境、机器机理原因以及其容错能力等多方面因素综合作用的结果。现有的提升机故障诊断系统中多数基于解析模型或者信号处理的方式来实现诊断任务,完全没有考虑矿井提升机的生产环境因素,没有将提升机的故障与其生产环境以及维修保养等多方面的因素结合起来考虑。

(2)系统多元信息的融合问题。现有的提升机故障诊断系统中,没有考虑到多传感器信息融合问题,主要表现在不能综合通过传感器得到的信息对提升机可能存在的故障问题进行故障的预测,只是考虑一种结果对应一种原因的故障诊断方法,不能够处理故障诊断知识与诊断规则不确定的情况。

(3)系统故障诊断知识获取难度大。现有的提升机故障诊断系统,其故障诊断知识的获取基本上是通过故障诊断专家、现场工程师与设计人员等相互交流完成的。在进行规则库转化的过程中,存在着知识转化等多方面的困难。同时,将故障诊断知识固化后,与实际专家相比,其只能按照固定规则进行故障诊断,不能凭借经验进行快速的故障诊断。

　　为了解决以上问题,本课题在深入研究了矿井提升机系统特点的基础上,为了保证提升机系统的安全生产和可靠性,研究了矿井提升机智能故障诊断系统的构成,提出了网络环境下提升机智能故障诊断系统的网络结构,研究了提升机故障诊断系统传感器的总体布局,建立了基于多传感器信息融合的故障诊断方法,并研究了基于自适应神经网络模糊故障诊断技术,用于矿井提升机超载、重物下放以及液压站欠压故障的诊断,最后针对提升机系统对可靠性的要求,开发了网络环境下矿井提升机智能故障诊断系统的原型系统。

第2章 矿井提升机智能故障诊断系统结构体系

矿井提升机是煤矿安全生产的关键设备之一,作为联系煤矿井上和井下的唯一通道,是矿山的咽喉。因此,矿井提升机系统运行情况,不仅直接影响矿井的正常生产,还与设备和人身安全密切相关。在现代化的矿山生产过程中,尤其是在井下采用自动化设备进行生产的过程中,如果设备出现故障而没有被发现的话,或者出现故障不能及时排除,那么产生的后果将不会仅仅是设备自身的损坏,还可能出现人员伤亡,因此矿井机械设备的故障诊断技术越来越受到人们的重视[94-95]。文献[96-97]指出:当前由于煤炭科学技术水平不能满足大规模煤炭生产对安全、机械化和环境治理的要求,因此物联网(Internet of Things,简称IoT)技术为未来煤矿的安全生产和重大灾害防治和建立统一煤矿安全生产与预警救援新体系提出了新的思路和方法。文献[98-102]从不同的方面介绍了物联网技术在矿井中的应用以及煤矿物联网的特点,其主要表现在智能矿山以及矿井综合自动化方面。对于矿井提升机这样的煤矿关键生产设备,将网络技术与传统的控制技术、通信技术、传感器技术、移动互联网技术等紧密结合,全面动态地获得提升机运行相关信息并实现可靠控制是十分必要的[103]。因此,本章主要根据矿井对提升机智能故障诊断技术应用的需求,在充分吸收国内外相关先进技术的基础上,对网络环境下的提升机智能故障诊断技术的体系结构进行总体的规划设计。

2.1 矿井提升机系统简介

2.1.1 提升机系统的组成

矿井提升机是煤矿生产的关键设备,主要负责矿物的提升、人员的上下、材料和设备的运输等。矿井提升系统通常由提升容器(主井为箕斗、副井为罐笼)、机械部分(包括滚筒、井筒罐道、井筒装备以及提升用钢丝绳、首绳与尾绳等设备）、提升信号系统和装卸载设备（或操车设备）以及驱动电机、电控设备和液压制动系统等组成。提升机电控设备包括高低压配电系统、提升机工艺控制系统（通过保护 PLC 与行程 PLC 实现对提升机系统行程控制功能与保护功能）、功率单元、操作台以及调节系统。一般提升机运行采用非连续运行方式，启动、停止、反向运行等不断重复，为了保证提升系统的安全运行，要求电控系统具有较大的调速范围和位置控制能力，具有可靠的安全保护功能。矿井提升系统一般存在拖动电机功率大、耗电量大的特点，应尽量发挥其潜能，尽可能缩短提升时间。

常用的提升类型有单绳缠绕式和多绳摩擦式两种，单绳缠绕式提升机主要用在较浅的矿井中；而井较深、年产量大的矿井多采用多绳摩擦系统。图 2-1 给出了矿井提升机及其控制系统图（以陈四楼矿主井提升机系统为例）。

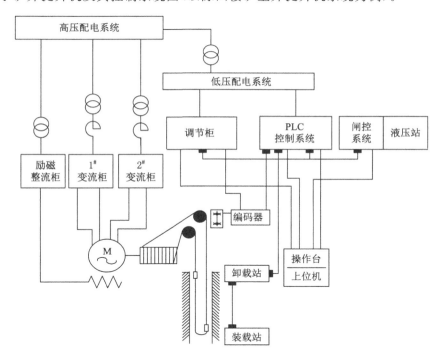

图 2-1 矿井提升机及其控制系统原理框图

2.1.2 提升机对电控装置的要求

多绳摩擦轮提升机及其控制装置的原理框图如图 2-1 所示。提升系统是一个典型的具有往复运动特点的机械设备系统。因此，矿井提升机对其电控装置有如下一些特殊的要求。

（1）要求满足四象限运行

矿井提升机作为一个典型的位势力矩负载,要求其拖动电动机在四个象限内进行频繁启动、制动和正反向运行,反映其运行状态的速度图和力图是根据其提升能力和《煤矿安全规程》确定的,对其运行中的加、减速度以及各阶段的行程和最终的停车位置都有严格的要求和限制。图 2-2 给出了提升机控制系统常用速度图和力图的基本形式。

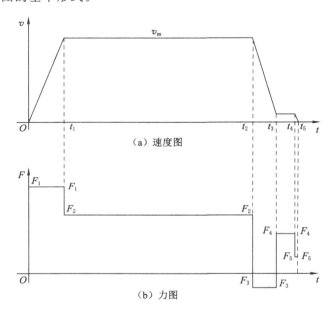

图 2-2　提升机运行速度图和力图

图 2-3 给出了提升机系统运行图,从图中可以看出其运行具有周期性,下面以多绳摩擦式提升机为研究对象,对提升机运行情况进行简单的说明。从图中可以看到,在 t_1 时刻提升系统开始启动并运行,此时容器 B 下放,容器 A 上提;提升机运行到 t_2 时刻,其速度达到最高运行速度 v_m;提升机在 t_3 时刻开始减速,意味着提升机进入减速段;t_4 时刻提升机开始爬行,爬行速度一般为 0.5 m/s,到距离井口 1 m 左右开始减速爬行;提升机在 t_5 时刻停车,此时容器 A 到达停车点,而容器 B 也到达井底停车点。同样容器 B 在下一次提升中按照上述速度图反向运行,电机反转,如此往返周期运行。

（2）要求平滑调速且调速精度较高

提升机工艺控制要求控制系统在运送物料及提煤时要能够达到额定速度全速运行,而在进行升降人员时要求提升速度平稳,在运送炸药等危险物品时速度

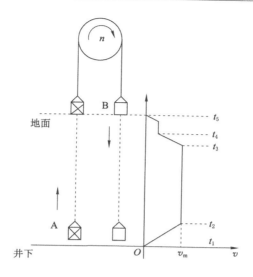

图 2-3　提升机运行示意图

不大于 2 m/s,而在进行检修和验绳操作时提升速度要在 0.3~1.0 m/s 之间连续可调,在提升机进入低速爬行阶段时,提升速度要在 0.1~0.5 m/s 之间连续可调,所以对于提升机来说速度一定要具有平滑性和连续可调性。

对于提升机的控制精度,提升工艺要求其静差率 $\left[s(\%)=\Delta_{\text{ned}}/n_0\times100\%\right]$ 较小,这是为了使提升系统在减速段出现的误差降低,尽量缩短爬行距离,提高系统的停车精度与提升系统的安全性。

(3) 提升机系统加、减速度的限制

由于提升系统中钢丝绳及高速电机的减速器齿轮间隙的存在,需要对提升机的加、减速度进行限制。加、减速度限制情况如表 2-1 所示。

表 2-1　提升机加减速度限制 单位:m/s²

提升对象	提物		提人	
系统允许加、减速度	加速度	减速度	加速度	减速度
立井	1.2	1.2	0.7	0.7
斜井			0.5	0.5

(4) 提升行程显示与行程控制功能的要求

目前,在矿井提升机系统中采用安装深度指示器的方法来保障提升机司机的正确操作。深度指示器有机械式深度指示器和数字式深度指示器两种不同形式,现在新建矿井基本上采用数字式深度指示器,并在操作台上显示深度。

为了保证提升系统行程计算、速度保护以及位置判断功能的可靠实现,提升系统需要在井筒中安装井筒开关与测速装置(包括测速机和编码器等设备),以保证提升系统能够进行可靠的速度保护与行程计算,从而实现准确停车与可靠的减速等功能。

(5)具有完善的故障监控能力

由于提升机系统出现故障会严重影响煤矿的安全生产,甚至出现人员伤亡事故。因此提升机电控设备要具有完善可靠的故障诊断能力,能够实现对第一故障点的捕捉与故障定位,同时能够对出现的故障信息进行自动保存,以方便矿方维护人员及时排除故障与保障生产的正常进行。

(6)具有安全可靠的液压与闸盘控制电路

作为提升机安全保护的最后保障,提升机机械闸的液压控制回路和闸盘控制电路必须安全可靠,只有这样才能保证提升系统在发生故障时可靠停车。

2.2 提升机智能故障诊断系统总体框架

在现代化的矿井生产中,尤其是采用全部机械化进行采煤的矿井中,提升机系统的可靠性就显得十分重要,同时根据以上对矿井提升机系统以及其对电控装置要求的分析,为了保证提升机系统的安全可靠性,需要对提升机系统的参数进行全面的监测,以便及时发现故障、预测故障,防止出现重大安全事故。矿井提升机在整个生命周期内,要经历正常状态、异常状态与故障状态三种不同状态,三者之间常常相互转化。提升系统处于正常状态时,矿井提升机能够安全可靠地运转,而一旦进入异常状态,说明提升系统中已经出现元器件故障或者出现如液压油质变差导致压力异常等情况,此时检修维护人员应该时刻关注提升机的运行情况,以防止事态进一步恶化。当提升系统出现故障时,如果不重视,未对出现的故障进行及时有效的处理,就可能发生提升机过卷、坠斗、断绳等事故,甚至出现人员伤亡情况。因此在进行提升系统设计时,除了采用更好的材料、更优化的结构外,提升机必须配备各种后备保护装置,尤其是涉及提升机安全运行的 9 项保护更是必不可少的,只有配备了足够的安全措施,才能提高系统的可靠性。统计数据显示,在煤矿安全事故中,由于钢丝绳断丝和松绳引起的事故占提升事故总数的 30% 左右,因此迫切需要建立网络环境下矿井提升机智能故障诊断系统,以实现对提升机系统进行现场监控与故障诊断功能。应用基于物联网的矿井提升机智能故障诊断技术,可以帮助我们及时发现提升系统中出现的异常情况,达到消除提升系统事故隐患的目的,从而避免重大提升事故造成的巨大经济损失、环境污染以及人员伤亡情况的出现。当采用网络环境下提升机智能故障诊断系统对矿井提升机进行实时监控与故障诊断时,可以促进提升机维护制度从定期检修向预知维修方向的转变,从而减少矿井提升机系统的故障时间,提高劳动生产率。

目前,矿井提升机系统主要采用定期检修和事后维护相结合的方式,其中以定期检修方式为主。常见的维护方式有[104]:① 现场维护方式。现场维护人员主要根据生产制造厂家的使用说明书等技术文件以及自身的维修经验,结合矿井提升机现场的使用情况进行必要的简单维修和保养工作,对设备出现的一般故障进行现场处理。② 技术服务中心维护方式。技术服务中心一般由矿业集团或者设备生产厂家设立,其目的是对提升机进行定期检修或者出现重大故障时到现场进行相关的技术服务工作。③ 生产制造厂家现场服务方式。由矿井提升机设备的生产制造厂家派技术人员到生产现场进行服务,主要在设备安装调试期间与设备大修时采用这种方式。④ 设备返厂维护方式。当矿井提升机系统出现重大损坏,在矿井使用现场无法处理时,采用将设备运往生产厂家进行维护的方式。

当前,由于矿井深度的增加,以及单井提升量的逐渐增大,矿井提升机系统的功率也越来越大,导致提升机系统的复杂程度逐渐提高,而且提升机的机械系统、电气系统与液压系统之间的耦合性增强,联系也越来越复杂和紧密,这就需要其维护、使用等保障工作必须与之配套。而矿井提升机智能故障诊断系统建立在网络技术的基础上,与煤矿综合自动化与数字矿山建设紧密相关[105-108]。之所以采用这种策略,是因为数字矿山和矿井综合自动化已经在我国的矿井中有了广泛的应用基础,因此,矿井提升机智能故障诊断系统的建设必然要在已有的平台基础上。

随着科技的不断进步,矿井提升机系统也越来越复杂和多样化,为了提高提升设备的灵活性和通用性,越来越多的光、机、电、液等集成部件被应用到矿井提升机系统中。因而矿井提升机系统的维护也越来越困难,这就要求设备维护人员的知识水平和技能水平越来越高,导致提升机系统的维护对生产制造厂家的依赖性增强。而生产制造厂家人员的有限性与产品用户分布的广泛性使得目前的设备维护方式之间的矛盾越来越突出。为了解决上述矛盾,本书以永煤集团陈四楼矿主井提升机系统改造为例,在充分利用现有设备和故障诊断技术的基础上,以网络信息技术为纽带,结合矿井综合自动化系统和数字矿山的现有成果,提出了网络环境下矿井提升机智能故障诊断系统,其总体网络结构如图 2-4 所示。

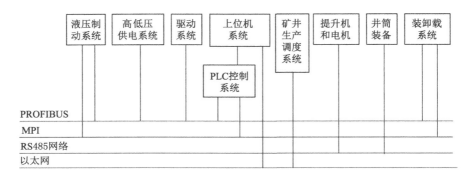

图 2-4　系统总体网络结构图

从图 2-4 可以看出,在提升机智能故障诊断系统中,整个提升机系统被分为液压制动系统、驱动系统、高低压供电系统、PLC 控制系统、提升机和电机、井筒装备、装卸载系统和上位机系统。在整个网络连接体系中,PLC 控制系统包括行程 PLC、保护 PLC 和操作台 PLC,为了保证提升机的工艺控制功能的实现和行程计算的可靠性与稳定性,三台 PLC 之间通过 MPI 和 PROFIBUS 双网络结构进行连接。提升机中其他部分(包括提升机和电机、井筒装备等设备)与 PLC 控制系统之间均通过相应 PROFIBUS 接口或者 RS485 网络进行连接,以形成一个物物互联的网络,实现数据相互间的交换以及信息的可靠传输,以组成一个提升机底层网络系统。在本系统中上位机使用 VB 进行编程处理,上位机和 PLC 之间采用 RS485 网络进行通信,上位机和 PLC 控制系统之间通过 DB 块实现数据交换并对矿井提升机系统进行实时监控和智能故障诊断。通过在行程 PLC 中安装以太网模块 CP343 实现与矿井生产调度系统之间通信,它是通过工业以太网接入来实现的。本书中论述的矿井提升机的网络环境,就是图 2-4 所示的提升机各组成部分之间的底层网络环境。为了更好地了解该系统传感器的处理情况,下文对传感器的布局进行研究。

2.3　提升机智能故障诊断系统传感器布局

2.3.1　矿井提升机远程故障诊断系统传感器的总体布局

网络环境下矿井提升机智能故障诊断系统是一个集提升机信号采集、工作状况分析、系统运行状态显示、智能故障诊断于一体的综合信息处理系统,主要涉及提升机运行状态信号的采集(主要依靠传感器实现)与智能故障诊断两个方面内容,如图 2-5 所示。其中传感器的布置与信号的采集工作正是建立在网络技术基础上的。

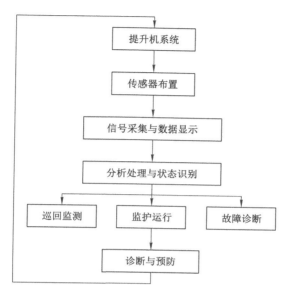

图 2-5　提升机智能故障诊断过程

图 2-5 中,传感器布置、信号采集与处理环节属于提升机状态监测环节,在系统设计中,考虑到提升机系统的安全性与可靠性的要求,系统中的主控单元采用西门子公司生产的 S7 系列 PLC 作为主控制器,同时在系统中通过轴编码器、压力传感器、温度传感器、霍尔传感器等元件实现对提升机运行状态的实时监测。

传感器与 PLC 是主要的检测与控制设备,其布局的好坏直接决定了现场信号的检测与监控是否完备。传感器主要用来监测提升机运行的物理参数,如速度信号通过安装在滚筒与天轮上的轴编码器获得,闸盘偏摆与闸瓦间隙通过安装在提升机制动盘上的霍尔传感器获得,振动传感器测量提升机的振动信号,温度传感器用于监测轴承、高压开关柜、变压器等设备的温度信号。如果这些信号是非电信号,需要经过转换后再送入 PLC 中进行处理。对于电机、IGBT 等设备与器件的温度,还可以通过红外成像仪进行检测,再通过无线传感网络直接进入上位机中,用于对这些器件与设备的温度进行实时监控。PLC 作为系统的主控设备,其主要功能是完成对传感器测量到的信号的采集与转换工作,并经过处理上传到上位机中,同时完成提升机运行信号的简单监测与诊断功能。当提升系统出现异常时,PLC 能够自动输出信号并发出声光报警。

在对提升机系统进行信号监测与采集时,其主要感知设备由计算机、外围设备、网络设备、控制器、执行器、传感器等几个部分组成。矿井提升机系统的信号主要分为开关量(数字量)和模拟量两大不同的种类,开关量表示开关状态的闭合与断开,一般由传感器采集后经过隔离装置(如继电器等)输入 PLC 系统中的开关量输入 DI 模块;而对于模拟量的采集,通常需要将提升机运行情况(如电压、电流等物理信号)经传感器转化为电信号,再经过放大器等器件对信号进行放大后,将信息传输到 PLC 系统中的 AI 模块(A/D 转换模块),经 PLC 传送到上位机,用于对提升机系统的状态进行监测与故障诊断。图 2-6 给出了提升信号采集原理。

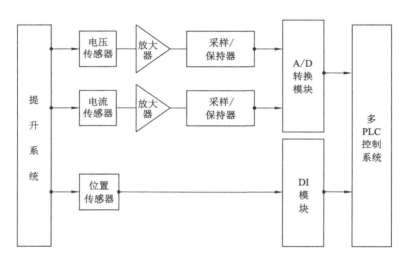

图 2-6 提升信号采集原理

2.3.2 各子系统传感器信息采集与处理

2.3.2.1 高、低压配电系统信号的接入

由于陈四楼矿主井提升机系统主电机为 20 世纪 90 年代从德国引进的双绕组电励磁同步机,因此在对该提升机进行系统改造时,就需要增加三台高压开关柜[109]。为了对高压开关柜的状态进行实时监测,在高压开关柜中配置了微机综保装置,高压开关柜中各个柜体的重要参数模拟量(如有功功率、无功功率、电流等)、开关量(如断路器和隔离开关的分、合状态等)信息通过安装在其中的综

保装置来实现数据的交换。虽然综保装置种类众多,但基本上均可以和 PLC 进行网络通信。目前常用的网络通信方式有两种:第一种方式是安装在高压开关柜中的综保装置先自身联网,然后与上位机进行通信,常见的网络有 RS485 通信网;第二种方式是采用总线方式与安装在高压系统中的通信总控模块或者单元进行数据交换,PLC 系统通过与 CP343 模块等进行数据交换,实现与控制通信总控单元、高压开关柜的继电保护装置、数据采集装置、智能测控装置等进行实时通信,同时将收到的信息送入 PLC 控制系统。因此,在本系统中只要在 PLC 控制系统中配置相应通信模块即可实现与高压开关柜之间的数据交换。

为了实现提升机控制系统的可靠运转,特地为系统配置了一台采用双回路供电的低压开关柜,其电源取自陈四楼矿工业广场变电所,主要为系统中其他控制部分供电。为了对低压开关柜中各开关的状态进行监测,在进行系统设计时,对低压开关柜中的空气开关和接触器均安装辅助触点,将辅助触点引入安装在低压开关柜中的 ET200 模块,该模块通过 PROFIBUS 网与提升机的 PLC 控制系统相连接,实现了低压开关柜各开关状态的实时监控,并在出现故障时在上位机系统中进行自动诊断。

为了实现 PLC 控制系统与高、低压配电系统之间的通信,工程技术人员进行了大量的研究工作。文献[110]针对 IEC870-5-103 规约在矿井自动化中的应用进行研究,成功实现了对高压开关柜的"三遥"控制功能。文献[111]针对煤矿变电所的自动控制,对电力系统运动规约进行解析,实现了通过 PLC 控制高压系统的目的。本书为了实现提升机 PLC 控制系统对高、低压的控制,下面以电力系统运动规约 CDT 规约为例,说明如何实现 PLC 系统对高压开关柜信息的解析功能。

CDT 规约属于循环远动规约,该规约有可变帧长、多种帧类别等信息传送方法。其每帧的内容均包括同步数据、控制数据、控制信息等内容,根据通信的需要来定义相应帧的长度,采用"帧类别"编码实现对不同帧之间的区分。数据排列方法按照字节的高低自上而下排列,同一字节按照位的高低从左向右排列。在进行数据信息传输时,采用从低位到高位传输的方式。图 2-7 给出了 CDT 的数据帧格式。

同步字	控制字	信息字1	……	信息字*n*

图 2-7　CDT 数据帧格式

同步字信息与同步字按通道传送顺序分为 3 组 EB90H。控制字共有 B7～B126 个字节,图 2-8 给出了控制字格式。帧的类别如表 2-2 所示。同时传送的信息中还包含有信息字与功能码信息。

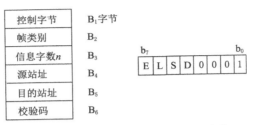

（a）控制字组成　　　　　　　　（b）控制字节

图 2-8　控制字格式

表 2-2　帧类别代号定义表

帧类别代号	定义	
	上行 $E=0$	下行 $E=0$
61H	重要遥测（A 帧）	遥控选择
C2H	次要遥测（B 帧）	遥控执行
B3H	一般遥测（C 帧）	遥控撤销
F4H	遥信状态（D1 帧）	升降选择
85H	电能脉冲数值（D2 帧）	升降执行
26H	事件顺序记录（E 帧）	升降撤销
57H		设定命令
A8H		
D9H		
7AH		设置时钟
0BH		设置时钟校正值
4CH		召唤子站时钟
3DH		复归命令
9EH		广播命令
EFH		

提升机控制系统 PLC 在对 CDT 规约进行处理时,采用全双工方式进行通信,PLC 采用西门子公司生产的 S7-300 系列,可实现与高压开关柜之间的数据交换功能;系统硬件采用 CP340 模块,该模块主要用来串口通信。由于在实际安装过程中,PLC 柜与高压开关柜之间距离较远(大于 15 m),故需要在通信总控单元侧加设一个 RS-232/RS-422 转换器,将 RS-232 信号转换成 RS-422 信号后再与 CP340 模块通信,这种情况下应选用具有 RS-422/RS-485 接口的 CP340 模块。两者之间采用点对点的方式进行数据通信,在本系统中采用 ASCII 协议进行数据处理。在进行数据交换时,设定信息帧的长度为 128 个字节,即每接收到 128 个字节就认为是接收到一个完整的数据帧。

通信主程序采用主程序 OB1 调用相应的功能块来实现。数据接收功能通过调用功能块 FB2 实现。最后通过数据帧处理程序实现对高压开关柜信息的处理,达到将高压信号引入 PLC 系统的目的。图 2-9 给出了通信处理程序流程图。

2.3.2.2　液压系统信号的接入

提升机系统的安全与可靠性,完全依靠液压制动系统来实现其保护功能,因此必须对提升机液压制动系统进行实时监测。对液压制动系统最主要的监测信号包括提升机制动油压值、制动油残压、闸瓦间隙、闸盘偏摆量和油路是否堵塞等参数。根据提升机系统的特点,其需要监测的参数如表 2-3 所示。

液压站采用德国西玛格公司生产的液压系统,该系统配有液压控制柜,该柜中 PLC 采用西门子公司早期生产的 PLC,具有 PROFIBUS 接口,在与新控制系统进行通信时,其 PLC 的 DP 口通过 PROFIBUS 网络与提升机的 PLC 控制系统相连接,两者之间的通信是在保护 PLC 中增加功能块 FC2 来实现的。通过该网络,液压系统中制动油压、制动油残压等信息均能可靠地传输到 PLC 控制系统中,以实现对液压系统的各种安全保护功能。

对于提升机制动闸盘的监视数据,通过提升机闸盘监测系统进行处理。对于闸瓦间隙过大的监视数据,分 4 组 16 个传感器分别进入 4 个信号采集器进行处理,同时输出 4 个闸瓦间隙过大信号,分别是前右闸瓦间隙、前左闸瓦间隙、后右闸瓦间隙、后左闸瓦间隙信号,再进入 PLC 进行处理,并做出故障判断与报警,同时上位机显示报警信息。闸盘偏摆的监视数据,分 2 组 4 个传感器分别进入 2 个信号采集器进行处理,同时输出 2 个闸盘偏摆信号,分别是右盘偏摆、左盘偏摆信号,再进入 PLC 进行处理,并做出故障判断与报警,同时上位机显示报警信息。闸瓦磨损的监视数据,分 4 组 16 个传感器分别进入 4 个信号采集器进行处理,同时输出 4 个闸瓦磨损信号,分别是前右闸瓦磨损、前左闸瓦磨损、后右闸瓦磨损、后左闸瓦磨损信号,再进入 PLC 进行处理,并做出故障判断与报警,

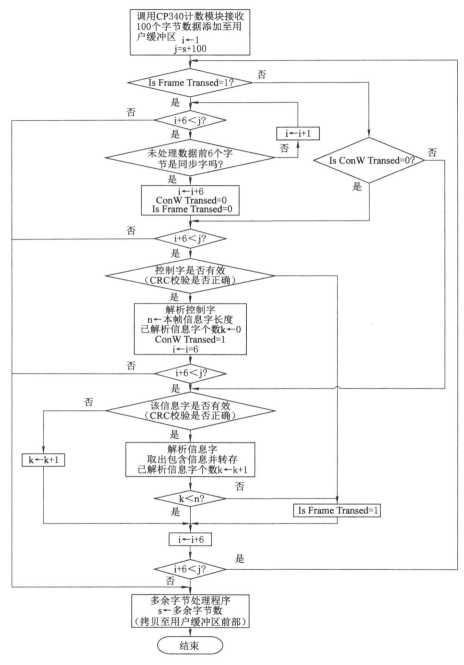

图 2-9 通信处理程序流程图

通过 PLC 与上位机之间的数据交换,上位机上会显示闸盘故障的报警信息。图 2-10 给出了闸盘信号监测示意图。通过采集器将闸盘信号处理成 PLC 能够处理的信号进入提升机的 PLC 控制系统中,完成对闸盘信号的实时监测功能。

表 2-3　提升机液压制动系统监测参数表

序号	监测参数	参数状态
1	制动油压	对提升机液压系统油压值实时监测,预防出现油路堵塞等故障
2	闸瓦间隙	对提升机制动闸瓦间隙大于 2 mm 的情况进行报警
3	闸盘偏摆	对闸盘偏摆量超过限值的情况进行实时报警
4	闸瓦磨损	对闸瓦磨损量超过限值的情况进行实时报警
5	制动油残压	通过对残压的测试反映制动弹簧的性能优劣
6	空动时间	反映提升机液压系统响应能力的强弱
7	二级制动延时时间	对其监测能够反映提升机制动闸盘的制动能力

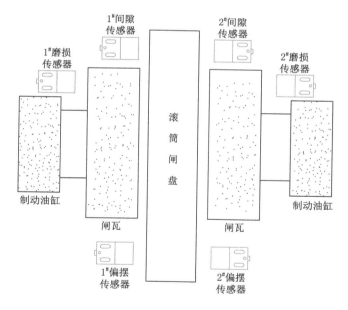

图 2-10　闸盘信号监测示意图

2.3.2.3　提升机和电机信号的采集与处理

由于大部分矿井还采用高速电机经减速器拖动滚筒达到实现提升的目的,对于该类系统,齿轮箱(减速器)作为主传动机构的重要组成部分,其可靠性直接关系到矿井提升机运行的可靠性,因此对齿轮箱进行实时监测是十分必要的。文献[112-113]中均对提升机齿轮箱进行故障诊断,其中文献[112]对齿轮箱变工况故障机理进行研究,文献[113]对齿轮箱的危险源进行了分析与研究。从以上文献可以看出,对矿井提升机的齿轮箱进行实时监测是十分必要的。由于齿轮箱在出现故障时,无论是齿轮、轴承还是传动轴故障,均会出现振动信号的异常,因此对齿轮箱的振动信号能量变化情况和振动幅值进行实时监控,就能及时发现齿轮箱故障。对齿轮箱故障常采用安装振动传感器的方法进行实时监测,由于本系统中没有减速器,其信号的监测就不需要进行处理。

由于提升机天轮所处位置比较高,要求工人每天巡视不现实,而且轴承的位置比较隐蔽,出现裂纹等故障不易发现,因此必须增加必要的检测设备。由于目前国内外没有直接检测轴承运行情况的设备,我们考虑用检测轴承的温度和振动情况有无异常来判断轴承是否故障,如果温度和振动都有问题,工人再去打开天轮轴承的轴承座检查轴承。轴承的温度一般可由室外的环境温度推测得到,如果出现异常高温,轴承的测温仪就应报警。轴承振动对轴承的损伤很敏感,轴承在转动时的振动频率保持在一定的范围之内,轴承刚出现损伤时的振动频率变化较大,运行一段时间后振动频率就会变得平稳,若是损伤得比较严重,振动频率就不会平稳。如果轴承的振动频率变化比较大,就表明轴承出现损伤,需要及时查看。在本系统中使用的天轮轴承振动仪由振动传感器和超值报警仪组成。振动传感器采用SMR元件作为敏感元件,用于对比动态振动和测量加速度值;超值报警仪采用进口大规模集成电路以及电脑PCB板,经过精细加工而成。在出现故障时,传感器输出开关量信号,该信号接入PLC控制系统,以实现对提升机信号的监测。

对于电机本身信号的监测,主要通过预埋在电机中的测温传感器,利用测温仪对电机的轴承和电机本体温度进行实时监测,当测温点的温度超出预先设置的超温报警限值时,自动输出一个超温报警信号。该信号是一个开关量信号,直接通过接线的方式接入PLC控制系统,以实现对电机温度超温报警和实时监测功能。

2.3.2.4 井筒装备信号的接入与处理

对于矿井提升机井筒装备的监测,国内外学者进行了大量的研究,主要研究成果如下:在文献[112-115]中分析了传统的静态分析法,以及波兰、俄罗斯等国家早期采用的轮廓检测法等静态检测法,并研究了在提升机正常提升过程中提升容器与刚性罐道之间的动力学作用等方面的内容,得出了采用提升容器振动加速度检测的方法是提升机刚性罐道检测最合适的方法。文献[114]还提到了中国矿业大学建立了立井刚性井筒装备与提升容器相互作用的模拟试验系统,通过该系统对提升容器与刚性罐道相互作用力的动态研究,可以为刚性罐道的设计提供依据。文献[115]提出了目前被大多数提升机检测机构所采用的刚性罐道运行状态判别的推荐性建议。目前在矿井提升机机械系统的故障检测方面已经有许多成熟的方法,在本系统中,主要通过安装钢丝绳在线监测装置和尾绳保护装置进行井筒主要装备的在线监测。在出现钢丝绳故障时,其输出开关量信号,该信号通过接入 PLC 控制系统,来实现对井筒装备的在线监测。图 2-11 给出了钢丝绳在线监测装置的安装图。

图 2-11　钢丝绳在线监测装置安装图

2.3.2.5　主井信号和装、卸载系统的接入与处理

本系统为主井提升控制系统,其辅助的装、卸载系统包括有煤仓、给煤机、带式输送机、定量斗、溜槽、闸门、称重系统、位置传感器以及电控系统等。信号系统用于井底、井口和提升机车房 3 处的信息联络,例如是否可以开车、快速开车还是慢速开车、以哪一种工作方式开车等。随着技术的进步,装、卸载和信号系统一般都采用 PLC 进行控制,为了实现系统之间的信息交换,这些系统也采用 S7 系列 PLC 作为主控设备,可明显降低设备故障率、简化操作、减轻工人劳动强度、提高生产运行的安全可靠性、最大限度地缩减装卸载的时间,达到提高产量、提升效率的目的。整体系统构成如图 2-12 所示。

从图 2-12 可以看出,采用 PLC 作为主控装置的主井提升信号系统,其和装、卸载系统由提升机车房 PLC 监控站、井口(又称上井口)PLC 卸载控制站和井底(又称下井口)PLC 装载控制站 3 个部分构成。机房信号系统中的 PLC 与装、卸载 PLC 之间采用 RS485 网络通信,同时为了保证信号的可靠性,各开关量采用 I/O 传输的方式。提升信号及装、卸载控制系统提升机房工控机支持 TCP/IP 通信协议,留有通信接口,并通过 TCP/IP 通信协议直接与矿井监测系统进行通信,将系统的提升钩数、吨数和班、日、月、年产量报表传输到矿井监视系统。

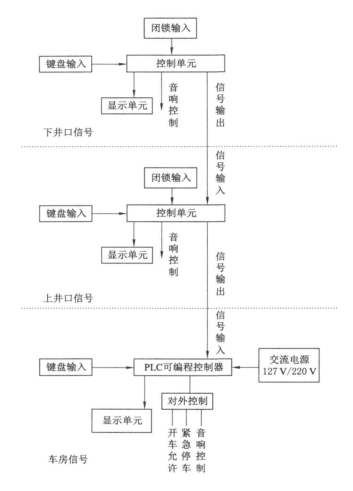

图 2-12　主井提升信号系统

　　信号系统与装、卸载系统和提升机控制系统进行通信时,信号系统 PLC 与提升机主控系统 PLC 之间通过 PROFIBUS 网络实现数据交换,交换的数据包括提升系统装载的载荷量、运行时间、信号等。为了确保提升机系统的可靠性,提升机系统与信号系统之间通过 I/O 传输的方式获得信号点数。

2.3.2.6　变频驱动系统的接入

　　变频驱动系统作为矿井提升机系统实现功率传递的核心部件,由调节柜、变频柜和励磁柜构成,其性能的可靠性与稳定性直接决定了矿井提升机调速性能。变频驱动系统中调节柜与 PLC 控制系统之间通过 PROFIBUS 网络进行通信,在通信程序中,PLC 控制系统将提升机开车信号、开车方向以及给定信号传送到调节柜,调节柜将 $1^\#$ 绕组、$2^\#$ 绕组、励磁绕组的电流信号传至行程 PLC 中,以实现对电机电流的实时监控。同时在通信程序中通过设置标志位等方法对通信信息进行确认。

变频器与 PLC 控制系统采用 PROFIBUS 进行通信。变频器主控板与保护 PLC 进行通信,保护 PLC 作为主站,其 PROFIBUS 地址为 18,变频器主控板的地址为 19,两者之间交换的信息通过 PROFIBUS 网络进行,通过在保护 PLC 的主程序 OB1 中调用子程序 FC3 实现。在子程序 FC3 中将提升机的给定信号传输到变频器中并消除零漂。同时为了确保传输信息的准确性,两者之间通过握手协议实现数据之间的确认,调节柜将电机的绕组电流、励磁电流传至保护 PLC,保护 PLC 再通过 PROFIBUS 网络将信息传输到行程 PLC 中,如果两者之间交换数据出现差错,保护 PLC 将进行出错报警。

2.3.2.7　PLC 控制系统对信号的采集与处理

提升机的 PLC 控制系统,根据其功能的不同分为:操作保护 PLC(即主 PLC),用于控制各台 PLC 协同工作,实现各种信号闭锁及故障保护;行程控制 PLC,用于生成 S 形速度给定曲线,并进行行程监视和行程保护;操作台 PLC,用于控制操作台上指示灯的控制和行程的显示以及操作信号的输入;液压控制 PLC,用于控制液压制动系统松闸或抱闸,实现恒减速制动。对于陈四楼矿主井控制系统,还包括有装载 PLC,用于控制井底给煤机、分煤器、带式输送机等设备,把煤从井底煤仓装入箕斗;卸载 PLC,用于控制井口开闭器、溜槽等设备,让煤从箕斗流入地面煤仓。

对于西门子公司的 S7 系列 PLC,共有 MPI 多点网络、PROFIBUS 和工业以太网 3 种不同的组网方式。MPI 使用现场级和单元级的小型网络,只适合连接 SIMATIC S7。PROFIBUS 是一种只用于有限数量站的单元级和现场级子网,利用 PROFIBUS 网络,最多可以实现 127 个从站之间的通信。PROFIBUS 是基于 EN 50170 标准的开放系统,在控制方式上采用主、从结构,其间的通信采用令牌方式,传输速率可以从 9.6 kbit/s 到 12 Mbit/s。工业以太网主要用来实现 PLC 与矿井生产调度系统之间的通信。图 2-13 给出了陈四楼矿 PLC 控制系统网络图。

主站 PLC 为保护 PLC,其主要完成如下功能:包括完成提升机运行状态数据的采集以及产生各种控制指令,实现各种保护与故障保护功能,同时通过与上位机以及操作台 PLC 之间的信息交换,实现对提升机运行信息的实时监测与故障诊断。

对于矿井提升机 PLC 控制系统来讲,要完成对提升机的控制,需要采集电压、电流、温度、速度、位置等参数,具体如下:

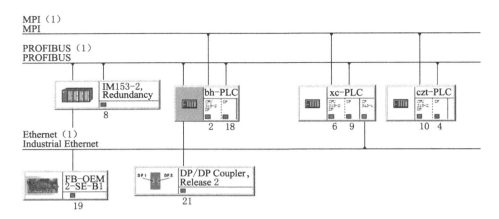

图 2-13　PLC 控制系统网络图

（1）电压信号的检测

对交流电压的检测,首先采用电压互感器进行降压处理,同时还起到隔离作用,然后将信号送入信号处理板,经处理为直流电压信号后,送入 PLC 的 A/D 模块。而对于直流电压的检测,则是先经电压隔离器把主电路与控制电路分开,再经双 T 滤波器滤除固有的交流分量,最后送入 PLC 的 A/D 模块。

（2）电流信号的检测

要对提升机状态进行感知,电流是一个十分重要的信息。对于直流电流,通常采用霍尔传感器进行检测,将之变为 0～10 V 的直流信号;对于交流电流,采用交流电流互感器进行检测,经过取样电阻转变为电压信号,送入信号调理模板,经过整流滤波处理后进入 PLC 的 A/D 模块。

（3）速度信号的检测

提升机速度信号通常采用轴编码器进行检测。测速机价格便宜,在直流调速系统中,由于对速度精度要求不高,常用永磁发电机进行测速。由于测速机检测到的量为模拟量,需要经过处理后才能在上位机中进行显示。采用轴编码器进行速度检测时,脉冲发生器与被测轴硬性连接,每转发出一定数量的脉冲信号,有光电式,也有电磁式。在一定的时间间隔内由计数器记下脉冲发生器发出的脉冲数,并传送给计算机,则可以算出这段时间内的平均转速。利用脉冲发生器和微型机组成检测转速的方法很多,常用的方法有三种,分别是 M 法测速、T 法测速和 M/T 法测速[116]。光电编码器发出的脉冲信号送入 PLC 的高速计数模块,该计数模块对脉冲信号进行计数和处理,用以指示提升容器的实际位置和速度。图 2-14 给出了现场轴编码器安装图。

图 2-14　轴编码器现场安装图

（4）位置信号的检测

在矿井提升机系统中，位置检测方法通常有两种：

① 检测被控对象（箕斗或者罐笼）在某一时刻是否到达某一位置。在对提升系统进行各种行程类保护如速度包络线保护、减速段保护等时，需要精确测量提升容器在某一时刻所到达的位置，这类要求的实现需要较为精密的转角或位移检测器。目前在提升机系统中，常用光电编码器与 PLC 的计数模块相结合的测量方法。光电编码器将得到的脉冲信号送入 PLC 的高速计数模块 FM350 模块，该计数模块对脉冲信号进行计数和处理，用以指示提升容器的实际位置和速度。

② 检测被控对象是否到达某一位置。在提升机系统中，罐笼到位开关、过卷开关用于反映提升机的实际位置；减速点开关、同步校正开关用于提升机的行程控制。这些开关用于判断被控对象是否到达某一位置，实现较为简单，常常采用光电式、电磁式位置传感器或接近开关传感器，置于需要检测的位置，当被控对象到达时，输出一个开关信号至 PLC 的数字量输入模块 DI。

（5）温度检测

电机温度、变压器温度、可控硅温度的变化，直接影响矿井提升机的运行，因此要对其进行测量。一般测温方法多用热电阻测量法，由于铂电阻在一定温度范围内，电阻值与温度近似呈线性关系，且测温范围宽、精度高、误差小、结构简单，并具有统一的国际标准，因此本系统采用了铂电阻测量方法。

（6）矿井提升机运行状态监测

矿井提升机的运行状态是指提升机从开始提升到卸载结束的完整运行过程状态。其性能是反映提升机综合性能的最重要的指标，具体体现在提升机的加、减速度的变化,提升速度的变化,以及提升高度和提升时间等指标的变化方面。《煤矿安全规程》规定了矿井提升机必须具有防过卷、防过速、深度指示失效、减速功能等9项保护。前面列出的几项内容均和提升机的运行状态相关,这些与速度有关的保护均采用传感器对提升机的运行状态进行监测,当其超过规定值时,通过断开系统安全回路的方法进行制动保护,如果此时液压制动系统能够正常工作,提升系统就能可靠运行。表2-4列出了提升机速度保护项目与措施。

表 2-4　提升机速度保护项目与措施

序号	保护项目	保护措施
1	过卷保护	外部通过井筒开关实现,超过0.5 m时进行安全制动;软件采用软过卷方法实现,超过0.7 m时进行安全制动
2	超速保护	在程序中通过设置包络线的方式实现,即等速段超速15%、减速段超速10%进行安全制动;在硬件上通过在井筒或者老式深度指示器上安装限速开关来实现
3	限速保护	通过在井筒中安装限速开关来实现爬行速度超过2 m/s时的限速保护功能
4	错向保护	通过软件实现错向保护功能,出现错向故障时采取安全制动
5	减速保护	通过设置硬件与软件减速点,判断在减速点是否减速,如果未减速则进行声光报警
6	加速度保护	通过软件设计满足表2-1的要求

本书对提升机运行状态的监控,通过采用安装在提升机系统中的测速装置经软件计算实现,其保护功能通过与提升机安全回路并联的方式,实现提升机速度保护功能的冗余保护,以提高提升机系统的可靠性;同时通过对司机操作进行正确的引导,以避免人为失误的发生。

对于在提升机运行过程中,摩擦式提升机可能出现滑绳故障的情况,必须采取措施,以保证当系统出现滑绳故障时,能够自动报警并在出现滑绳故障时能够切断安全回路,实现提升机的制动功能。为此本书中通过安装在提升机滚筒与导向轮上的轴编码器分别计算速度,通过两者速度的差值来判断提升机是否发生了滑绳故障,如果提升机发生了滑绳故障,通过制动装置实现安全制动。通过上述分析,对提升机进行运行状态监测,防止提升机故障的发生,是网络环境下矿井提升机智能故障诊断系统的一个重要功能。

第3章　矿井提升机系统故障原因与模型研究

3.1　引言

在煤矿中,矿井提升机作为矿井正常生产中的关键性设备,有必要对矿井提升机系统的故障原因以及常见的故障模型进行研究,以便更好地对提升机系统的故障进行预测与判断,以保证其安全可靠的运行。上一章分析了网络环境下矿井提升机系统智能故障诊断系统的结构体系以及提升机系统传感器的布局与信号的采集。本章将在上一章的基础上,分析提升机系统主要故障产生的原因,以及故障模型。文献[5-6,11,89,117]等中指出,在影响煤矿提升机系统正常运行的危险源以及故障中,提升机超速过卷、断绳、主绳打滑、制动系统失效等故障是影响提升机系统可靠性的重要原因,这些故障与危险源极易造成提升事故的发生,从而影响提升机系统的正常运转,进而影响到矿井安全生产工作的开展。因此,本章主要分析矿井提升机系统故障及其机理和产生的原因,为实现网络环境下提升机系统智能故障诊断奠定基础。

3.2　矿井提升机故障分析

3.2.1　矿井提升机故障分类

对设备故障(fault)的定义,各种文献都不尽相同,但也有共同观点:设备的故障是指设备的不正常状态,当设备处于不正常状态时就是设备发生了故障。当设备出现故障时,设备不能达到预定的性能,或者系统功能降低甚至部分丧失,而不能进行正常工作。第二章已对矿井提升机系统进行了总体介绍,为了更好地研究提升机智能故障诊断系统,就有必要对矿井提升机系统故障情况进行分析与研究。由于矿井提升机故障的复杂性与表现形式的多样性,加之引起故障原因的不同,只有将提升机故障进行合理的分类,才能为后续章节对提升机系统智能故障诊断的研究以及故障的判别提供必要的理论基础。常用的分类方式有如下几种[43,116,118-119]。

(1)根据提升机故障性质和严重程度,主要分为以下 4 类:

① 紧急制动安全停车故障。发生此类故障时,根据提升容器在井筒中位置的不同,实行恒减速制动、二级制动或者紧急安全制动停车等,并发出声光报警信号。该类故障包括:提升容器过卷;提升机速度超过最大速度的 15%,减速段超过 10%;提升机在减速阶段,提升机实际速度超过限速保护范围;提升机到达终端定点限速保护位置的速度超过 2 m/s;测速装置发生故障;速度超过速度包络线;提升电动机过载保护动作;欠电压保护装置动作;深度指示器失效;缠绕式提升机钢丝绳松弛超过规定值;制动油过压;方向故障;尾绳故障;接地故障等故障。

② 电气减速安全停车故障。发生此类故障时,先实施电气减速,实现低速安全制动停车并发出声光报警信号。该类故障包括:满仓故障、闸盘偏摆、信号异常以及主绳打滑等。

③ 井口安全制动故障。当发生此类故障时,若提升机处于运行状态,则在本次提升完成后,使提升机停止运转,不允许下次开车;若提升机处于停车状态,则不允许开车,待故障排除后方可恢复运行,同时发出声光报警信号。该类故障包括:润滑油压异常、制动油超温、弹簧疲劳、闸瓦磨损等。

④ 报警类故障:发生此类故障时,系统仅发出声光报警信号,由司机按实际情况采取措施,决定提升机是否继续运行。该类故障包括:整流超温报警、轴承超温报警等[67]。

(2)根据提升机系统故障来源点的不同,提升机故障可以分为机械类故障、电气类故障、行程类故障以及信号闭锁类故障 4 种不同的类型。其中机械类故障包括传动机构故障、液压系统故障、润滑系统故障等。表 3-1 给出了机械、液压等故障类型的列表。

(3)从故障产生的原因来分,提升机故障可以分为电气接线故障、元器件老化故障、人为失误故障、外界环境影响故障等。电气接线类故障包括虚接、错接等引起的故障;元器件老化故障主要是由于元器件使用时间过长或损坏等原因引起的故障;其他故障不再一一赘述。

从以上提升机故障的原因与分类方法可以看出,针对不同的分类方法,解决提升机故障的手段也不相同,只有找到适应计算机分析的方法,才能更好地解决提升机的智能故障诊断问题。

表 3-1　故障分类

故障类型	机械故障	液压故障	其他故障
故障现象	① 导向轮轴承超温； ② 主轴轴承超温； ③ 闸盘偏摆； ④ 首绳伸长； ⑤ 尾绳扭结； ⑥ 主绳打滑； ⑦ 测速机轴断； ⑧ 风道进风口滤网脏	① 液压站油位低； ② 液压站油位高； ③ 液压站油温高； ④ 液压站油温低； ⑤ 制动油压偏高； ⑥ 电磁阀堵塞； ⑦ 过滤器脏； ⑧ 闸瓦磨损； ⑨ 弹簧疲劳； ⑩ 制动油泵停	① 安全门动作； ② 检修平台移动； ③ 信号闭锁故障； ④ 溜煤槽伸入井筒； ⑤ 井底磁开关动作； ⑥ 井口磁开关动作； ⑦ 信号传输故障

3.2.2　故障推理机制的实现

在进行提升机故障诊断时,在推理控制策略上,整体上采用正向推理;针对具体的实现过程,则采用反向推理的混合推理策略。这种推理策略符合矿井提升机故障诊断框架的特点,有利于诊断中的早期剪枝,从而提高故障诊断的效率,避免出现"知识组合爆炸"现象。

在进行故障诊断时,只要从矿井提升机的故障征兆开始,逆着故障的传播途径,便可找到故障源。根据故障维修的难易程度,可将故障源分为三类[120]:第一类故障源,对应的维修直接明了,如熔断器熔断、继电器线圈烧坏等,故称为直接型故障。第二类故障源,由于其对应的维修比较复杂,但利用煤矿企业现场提供的备用件,只需对该故障元件进行更换即可,故又称为替换型故障,如安全回路板、调节柜主板、CPU 板等。对这两种类型的故障源,由于其维修方案确定简单唯一,操作简单,因此,在维修建议中,只给出故障源对应的位置。而对于第三类故障源,由于故障源本身就需要辅助测试方法进一步确定,而且维修方案不唯一,这就需要系统做一些指导性的建议,因而称为指导型故障。指导型故障源的维修指导,依赖于故障分级知识。对应于某个故障征兆,从寻找故障原因的角度来看,引起该故障征兆的故障源可能很多,有的可直接检测判断;有的则因检测困难或没有检测而只能凭经验判断。故障分离就是在故障分级知识的基础上,根据故障现场的信息,对众多的故障源采用排除法进行排除以确定真正的故障源或最有可能的故障源。从故障维修的角度来看,不同的故障源,对应不同的维修方案,即使同一故障源,不同的操作者所采取的维修方案也可能不同。故障维修指导，就是在故障分离的基础上，对检测困难或为检测可能的故障源，提出维修方案和操作顺序。整个推理的程序流程如图 3-1 所示。

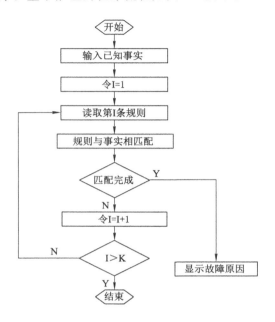

图 3-1　正向推理程序流程图

3.2.3　矿井提升机系统故障的特点

从矿井提升机系统的特点及其故障分析的过程中可以看出，矿井提升机这类由机械、电气、液压耦合起来的系统，随着系统功能的增加和矿井自动化程度的提高，由于各部分之间存在的关联性，为矿井提升机进行故障诊断带来了极大的困难。因此，要做好矿井提升机故障诊断，必须对其特点进行研究。矿井提升机系统故障具有如下特点[43,121-122]：

（1）层次性

矿井提升机作为一个大型的、复杂的机、电、液强耦合的设备，按结构可以划分为系统、部件、零件、元器件等多个层次。这种由于结构的层次性决定了功能上的层次性，就决定了其故障具有"纵向性"。提升系统任何故障的产生都必然与系统所处的层次有关，系统级的故障可以由低层次部件或者元器件的故障引起，而低层次的元器件或者部件的故障必然最终引起系统故障的产生。这种故障的层次性就为提升机智能故障诊断策略的制定提供了有利的条件。

（2）相关性

矿井提升机故障的相关性表现为故障的"横向性"，它是提升机系统各部件之间的联系所导致的。矿井提升机系统由多个子系统组成，当其中一个子系统或者部件发生故障后，必然会导致与之相关的其他子系统或者部件发生变化或故障。一旦由一个子系统或者部件的故障导致同一层次的多个子系统故障的发生，就会导致提升机中多个故障同时出现。因此，多故障同时并存的特点是矿井提升机故障的又一个重要特点，这就为矿井提升机智能故障诊断的开展带来了困难。

（3）复杂性

矿井提升机是由机械系统、电气系统和液压系统组成的大型设备，其电气控制系统涉及高压供电技术、PLC 技术、自动控制技术、检测技术、模拟与数字技术、传感技术等多个技术领域，这就决定了矿井提升机系统必然是一个复杂系统，其故障诊断技术必然具有复杂性。表现在一个故障的产生可能对应着多个原因，或者一个原因导致多个结果的产生；同一个故障的因果关系还可能受到周围环境、空间、气候等影响，如电力电子器件的可靠性就与周围环境的温度有关，还与触发电路相关等；同时由于在认知上的局限性，导致了故障发生的原因与征兆之间具有不确定性。

（4）不确定性

故障的不确定性是矿井提升机故障的另一个重要特征，由于矿井提升机系统结构和参数的改变，以及各个子系统之间参数耦合的不确定性和环境变化的影响，都会导致提升机系统的不确定性。同时由于矿井提升机系统各组成部件中具有非线性的部件数量多、种类多，它们之间的耦合性必然导致矿井提升机系统故障的不确定性，会给提升机的智能故障诊断带来极大的不确定性。

（5）可发展性

由于矿井的设计服务年限一般在 50 年以上，矿井提升机系统的使用年限就长达数十年之久。在这个过程中，随着对提升机系统认识水平和对故障处理水平的提高以及技术的进步，矿井提升机的技术水平与装备水平会不断地提高，人们对提升机故障的诊断能力也会随着技术的进步而不断发展。

3.3 矿井提升机过卷故障分析

在矿井提升机发生故障时，很多故障影响很大，尤其以提升机系统发生过卷问题最为严重。郑丰隆在文献[6]中指出，矿井提升机提升过程中出现的事故多数是由于提升机出现过卷情况引起的。在多绳摩擦式提升机系统中,出现过卷故障时,故障程度较小,基本没有太大的危害;如果出现重大过卷特别是全速过卷或者超速过卷情况,会出现撞坏防撞梁甚至出现断绳坠斗的极端情况,从而给矿井造成巨大的经济损失甚至人员伤亡。从图 3-2 中可以看出,根据提升机过卷事故的危害程度,可以将过卷故障分为低速过卷、全速过卷以及超速过卷 3 种不同的情况进行分析。

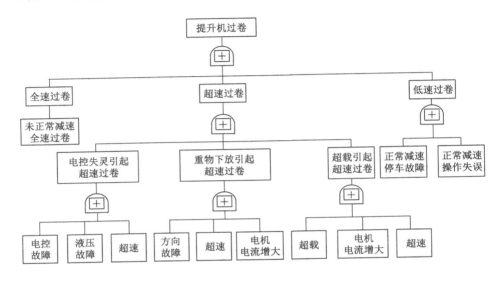

图 3-2 提升机过卷故障

如图 3-3 所示,在提升机系统发生低速过卷故障时,主要有如下两种情况:一种是提升机进入减速点后能够正常减速,只是由于操作失误造成的低速过卷情况,在这种情况下,提升机可能由于信号错误、开车方向错误、制动闸操作失误以及其他操作失误而引起低速过卷现象;另一种是提升机系统完全正常减速,提升机电流、速度均正常,只是由于液压站油压过高或者闸瓦间隙过大,导致提升机停车时抱不住闸或者制动闸根本未作用在制动闸盘上而造成的低速过卷故障。由于低速过卷故障对提升机系统危害较小,本书不做重点分析。

全速过卷故障,一般是由于提升机系统出现故障没有正常减速,提升机以最高速度冲至停车点。在停车点位置,正常情况下此时电机速度、电机电流和液压站油压应降为 0,且提升机抱闸,但在出现全速过卷故障时,此时提升机速度保持在最大速度 v_m,电机电流基本为电机额定电流,液压站油压以及闸瓦间隙正常。如果提升机的锲型罐道设计合理,此时液压站正常工作,在制动闸盘和锲型

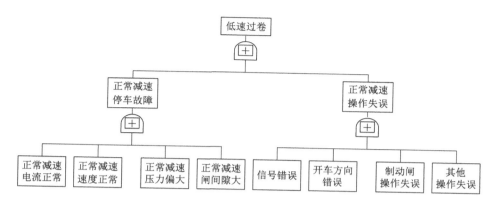

图 3-3　提升机低速过卷故障

罐道的共同作用下,提升机的动能能够被两者共同作用完全吸收,该过卷事故对提升机系统不会造成过坏影响;如果能量不能被吸收,可能会给矿井造成巨大的损失。

在发生提升机超速过卷故障时,提升机发生以超过最大提升速度 v_m 的速度过卷。在发生超速过卷故障时,无论提升机系统的机械保护以及制动系统多么可靠,均可能造成重大提升事故的发生,从而给矿井造成不可逆转的重大损失,甚至造成重大人员伤亡。发生超速过卷故障时,主要存在如下几种情况:

(1)提升系统发生超载。主井一般是由于二次装载或者煤炭中含水量大,箕斗在卸载时没有卸完,下次提升时由于正常装载而导致超载,在提升机运行过程中,导致提升箕斗下滑,速度越来越快,超过提升机最大运行速度 v_m 而发生过卷。此时提升机处于提升载荷超载、提升速度超速状态,提升机电流增大,此时即使液压站油压正常、闸瓦间隙正常也无法实现提升机的可靠制动。

在这种情况下,假设提升机的速度为 v,提升载荷为 m,提升机的电流为 i_s,提升行程为 s,假定此时提升机系统中液压站正常,没有任何故障现象,则此时提升机的状态可以用式(3-1)表示为:

$$\begin{cases} v > v_m \\ m > m_{max} \\ i_s > i_{sm} \\ s > s_m \end{cases} \qquad (3\text{-}1)$$

此时,通过将网络环境下采集到的提升机系统的提升载荷、行程、运行速度以及提升电流等参数,与正常状态下的数据进行比较,就可以判断出提升机处于超速过卷状态。

（2）提升系统运行在中间时，由于某种原因，再次开车后，开车方向错误导致出现重物下放，从而造成提升系统发生超速过卷故障。在此种过卷状态下，提升机速度处于超速状态，提升电流增大，提升载荷不变，此时即使液压站油压正常、闸瓦间隙正常也无法实现提升机的可靠制动。

此时提升机的状态可以用式（3-2）表示：

$$\begin{cases} v > v_{\mathrm{m}} \\ m = m_{\max} \\ i_{\mathrm{s}} > i_{\mathrm{sm}} \\ s < 0 \end{cases} \tag{3-2}$$

（3）由于提升机系统的电控系统出现故障，从而导致提升机失控产生超速过卷现象，在这种情况下，存在提升机速度超过最大速度 v_{m}、电控故障等问题。

3.4 矿井提升机主绳断绳事故分析

在矿井提升机系统中，对矿井安全生产危害最大的事故莫过于提升机主绳断绳事故。提升机断绳事故的发生基本上是由于提升机过卷事故引起的罐道变形，导致箕斗或者罐笼被卡住，同时由于提升机冲力过大，防撞梁等保护装置无法卡住箕斗或者罐笼而引起提升主绳断裂。

对于陈四楼矿主井摩擦式提升机控制系统来讲，其出现主绳断绳故障的故障树如图 3-4 所示。从图中可以看出，提升机发生主绳断绳事故最直接的原因是提升机过卷时，对防撞梁的冲击力过大。导致提升机主绳断裂最主要的故障是提升机系统超速过卷。当发生超速过卷时，除了钢丝绳的断丝、锈蚀、磨损，防过卷装置损坏、设计不合理和过卷能量不能完全被防过卷装置吸收造成提升机主绳断裂事故外，提升司机操作失误、超载、主绳打滑、机械制动系统故障和电气保护失效等也是重要原因。目前我国采用摩擦式提升机的矿井中，除个别矿井如开滦精煤吕家坨矿业分公司老主井是单绳摩擦提升外，几乎都采用多绳摩擦提升系统。对于这样的系统，从图 3-4 中可以看出，其发生超速过卷故障，基本上是由于提升系统电控装置保护（包括限速保护、过卷保护、自动减速等装置）失效、机械制动系统失效、超载以及提升司机操作失误等造成的。因此，要对提升机系统进行故障诊断，预防提升事故的发生，就必须建立一个可靠的网络环境，实现对提升机参数（速度、载荷、电流、行程等）的实时监控，以保证提升系统的可靠运行及时发现提升系统存在的故障与潜在隐患。

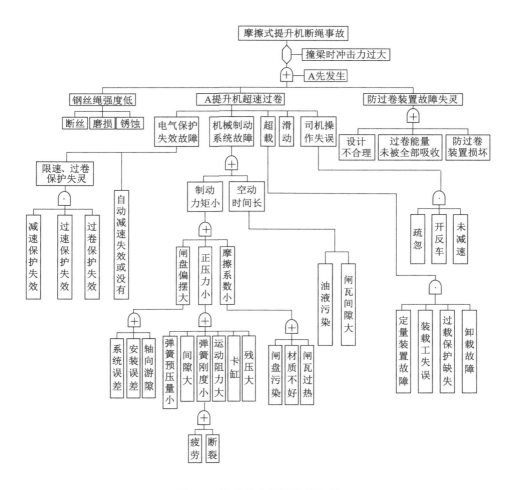

图 3-4　提升机主绳断绳故障树

3.5　矿井提升机主绳打滑事故分析

3.5.1　提升系统主绳打滑机理分析

在矿井提升机系统运行过程中,从图 2-2 所示的提升机系统运行的速度图和力图可以看出,提升机的运行存在加速、等速、减速三个不同的典型阶段。在加速段、等速段提升机的受力情况不同,其运行状态也不相同,同时在提升机出现紧急制动时,其受力与运行也与加速段和等速段的状态不同。因此对提升机发生主绳打滑事故的分析,也要分为等速运行、加速运行以及立即制动三种不同的情况进行相应的分析。

3.5.1.1 提升机等速段主绳打滑故障机理分析

提升机运行到等速段后,由于多绳摩擦式提升机尾绳的存在,其动荷载基本为0,只存在静荷载,因此对此种状态下提升机的主绳打滑现象国内外基本上都没有进行深入的研究。根据提升机系统现场运行情况以及矿井中提升机运行记录,在不存在电控系统故障的情况下,提升系统进行正常提升甚至在某些超载的情况下,均可以将箕斗或者罐笼提升到位。但在这种情况下是否存在危险,提升机能否将荷载提到停车位置,提升系统运行时是否有危险存在? 根据大量的提升机超载运行试验结果,超载状态下的提升均是在提升系统不断地发生主绳打滑的情况下进行的,这种情况下可能存在三种结果或状态:第一种是提升机可以将提升荷载安全地提升到停车点正常停车且不会出现提升荷载下滑的情况;第二种是提升系统将提升荷载提到停车点位置但是发生主绳打滑的现象,但下滑的危害不是太大;第三种是提升机将提升荷载提到停车点但发生严重的主绳打滑现象,甚至无法将提升荷载提到停车点就出现 5 m 以上的相对滑动,造成提升机系统紧急制动。无论何种情况,大量的试验结果表明,产生危害的严重程度与提升荷载的超载量及主绳打滑时的相对滑动速度有关。

大量的试验结果表明,提升系统发生主绳打滑故障时,在提升机主钢丝绳与摩擦衬垫之间由于相互摩擦,将产生大量的热量,从而导致摩擦衬垫温度的升高。如果其温度升得过高,衬垫与提升主钢丝绳之间的摩擦系数将减小,从而造成安全危害。因此,为了对等速运行时提升机的状态进行分析,就有必要对提升机的衬垫温度和两者之间的相对滑动速度进行监测,以判断提升机在等速段是否出现主绳打滑现象。

3.5.1.2 提升机加速段主绳打滑故障机理分析

对于陈四楼矿主井提升机系统这样的多绳摩擦式提升机来讲,建立如图 3-5所示的模型。为了更好地分析在启动阶段提升机系统是否发生主绳打滑故障,特意做如下假设:

(1)提升机主钢丝绳的尾绳质量全部集中在提升装置的容器上(即箕斗或者罐笼上)。

(2)对系统中的主钢丝绳的处理采用瑞利法进行。

(3)忽略提升容器在运行中的阻力(包括空气阻力以及罐道风阻等)和主钢丝绳横向的偏摆与振动对系统转矩的影响。

(4)忽略提升容器(箕斗或者罐笼)在运行过程中提升主钢丝绳的长度变化

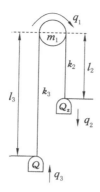

图 3-5　提升机加速段模型

对整个提升系统的影响。

（5）图 3-5 中给出一根钢丝绳的受力情况，多根钢丝绳的话就乘以根数 N。

为了方便建立系统的受力模型，假定提升机的提升荷载为 $Q(N)$，提升容器自重为 $Q_z(N)$，提升机的天轮直径为 $D(m)$，主钢丝绳每米的重力为 $P(N/m)$，提升机主钢丝绳的弹性模量为 $E\left(\dfrac{N}{m^2}\right)$，主钢丝绳的横截面面积为 $S(m^2)$。

则根据上述假设以及变量定义，得出提升机的运动方程式如下：

$$M - M_z = M_j \tag{3-3}$$

式中　M_z——负载转矩；

　　　M_j——惯性力矩。

并利用拉格朗日定理，可以得到提升机在加速段的动力学方程，如式（3-4）所示：

$$\begin{cases} \left(\dfrac{Q}{g} + \dfrac{Pl_3}{3}\right)\ddot{q}_3 + \dfrac{Pl_3}{6}q_1 + \dfrac{ES}{l_3}q_3 - \dfrac{ES}{l_3}q_2 = 0 \\[3mm] \left[m_1 + \dfrac{P(l_2 + l_3)}{3}\right]\ddot{q}_1 + \dfrac{Pl_3}{6}\ddot{q}_3 + \dfrac{Pl_2}{6}\ddot{q}_1 + \left(\dfrac{ES}{l_3} + \dfrac{ES}{l_2}\right)q_1 - \\[3mm] \quad \dfrac{ES}{l_3}q_3 + \dfrac{ES}{l_3}q_2 = \dfrac{2M_z}{D} - \left(\dfrac{Q}{g} + Pl_3\right)g + \left(\dfrac{Q_z}{g} + Pl_2\right)g \\[3mm] \left(\dfrac{Q_z}{g} + \dfrac{Pl_2}{3}\right)\ddot{q}_1 + \dfrac{Pl_2}{6}\ddot{q}_1 + \dfrac{ES}{l_2}q_2 - \dfrac{ES}{l_2}q_1 = 0 \end{cases} \tag{3-4}$$

则可以计算出提升机主钢丝绳的张力大小为：

$$T_1 = \dfrac{Q}{b}(g + \ddot{q}_3) + Pl_3\left[\dfrac{g + (\ddot{q}_3 + \ddot{q}_1)}{2}\right] \tag{3-5}$$

$$T_2 = m_1(g - \ddot{q}_2) + Pl_2\left[\frac{g + (\ddot{q}_1 + \ddot{q}_2)}{1}\right] \qquad (3\text{-}6)$$

上述分析只是针对单根提升机主钢丝绳进行分析的,由于矿井提升机一般都是采用多绳摩擦提升方式,在进行相应的分析时,只要在上述公式中加入提升主钢丝绳的根数即可。同时由于主钢丝绳弹性的存在,导致提升机主钢丝绳在滚筒两侧所受的张力也不相同,会导致其受到提升机启动转矩的冲击而产生主钢丝绳振动的现象,这就使得提升机在启动时不至于出现由于启动转矩产生的张力大于摩擦式提升机极限摩擦力而产生滑动的现象。

3.5.1.3 提升机在井口立即制动时主绳受力与滑动机理分析

众所周知,对于多绳摩擦式提升机系统来讲,当提升重物到井口,如果出现影响系统安全性与可靠性的故障时,这时提升系统将会采用立即制动的方式实现保护功能。此时,由于在井口侧的提升容器上方的主钢丝绳较短,可以忽略不计,只需要考虑在井底一侧提升主钢丝绳对系统的影响。这时在进行数学建模时,假设多绳摩擦式提升装置尾绳作用于提升容器上,其力学分析模型如图 3-6 所示。

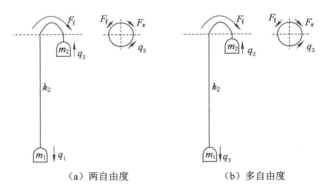

（a）两自由度　　　　　　　（b）多自由度

图 3-6　数学模型

（1）提升机立即制动时两自由度分析数学模型

如图 3-6(a)所示,提升机系统下降侧的质量为 m_1(该质量包括提升容器、荷载、主钢丝绳、尾绳等),提升机系统上升侧质量为 m_2,提升机系统滚筒与电动机(含减速装置等)变位质量为 m_3,提升系统下降侧的主钢丝绳质量用 m_4 表示,提升机主钢丝绳的弹性系数为 k_2,主钢丝绳的弹性模量为 E,主钢丝绳的横截面面积为 S,提升系统整体阻力大小假定为 f,提升机液压制动系统制动力大小为 F_z,衬垫与主钢丝绳之间的滑动摩擦系数为 μ,提升机系统的围包角用 α 表示,提升机下降位移为 q_1,上升位移为 q_2,则根据力学原理,可以计算出系统的摩擦力可以用式(3-7)表示：

$$F_f = m_2(g + \ddot{q}_2)(e^{\mu\alpha} - 1) \tag{3-7}$$

则提升系统的动力学模型可以用式(3-8)计算：

$$\begin{cases} \left(\dfrac{m_4}{3} + m_2 e^{\mu\alpha}\right)\ddot{q}_2 + \dfrac{m_4}{6}\ddot{q}_1 + kq_2 - kq_1 = (m_1 - m_2 e^{\mu\alpha})g \\[2mm] \left(\dfrac{m_4}{3} + m_1\right)\ddot{q}_1 + \dfrac{m_4}{6}\ddot{q}_2 + kq_1 - kq_2 = f \\[2mm] \ddot{q}_3 = \dfrac{m_2(g + \ddot{q}_1)(e^{\mu\alpha} - 1) - F_2}{m_3} \\[2mm] k = \dfrac{ES}{L} \end{cases} \tag{3-8}$$

则当提升系统在井口发生立即制动时，系统的滑动速度可以用式(3-9)表示：

$$v = \dot{q}_2 - \dot{q}_3 \tag{3-9}$$

假设提升系统从发生立即制动到天轮停止运行的时间为 t_3，天轮从制动时刻到停止时运行的距离为 q_{30}，则可以求得提升系统的滑动距离为：

$$s = \begin{cases} q_2 - q_3 & t \leqslant t_3 \\ q_2 - q_{30} & t > t_3 \end{cases} \tag{3-10}$$

（2）提升机立即制动时多自由度分析数学模型

如果在进行提升系统立即制动时的受力与滑动情况的数学模型分析时，将提升机主钢丝绳看作是一个由 n 段小钢丝绳组合而成，同时其质量集中于该段主钢丝绳的两端，同时考虑到钢丝绳的刚度和质量对于该数学模型的影响，利用拉格朗日定理，就可以得到提升机立即制动时的多自由度数学模型，其模型如图 3-6(b)所示。

则定义 $[M]$ 为质量矩阵，$[K]$ 表示钢丝绳的刚度矩阵，其受力的广义列阵为 $\{F\}$，主钢丝绳位移用 $\{q\}$ 表示，钢丝绳的加速度用 $\{\ddot{q}\}$ 表示，可以求得多自由度模型下的提升系统立即制动时动力学方程为：

$$[M]\{\ddot{q}\} + [K]\{q\} = \{F\} \tag{3-11}$$

（3）提升系统立即制动模型动力学方程的求解过程

在上文通过对提升机系统在发生立即制动时受力情况的分析，得到了多绳摩擦式提升机系统立即制动状态下是否发生主绳打滑故障的数学模型。为了方便在理论上计算提升机系统是否发生主绳打滑故障，有必要研究在两种不同模型下方程的求解。下面以两自由度模型下的数学模型计算求解为例，进行相应的计算。采用数值法对该模型进行求解，其模型可以简化为：

$$\begin{cases} \ddot{q}_1 = f_1(q_1, q_2) \\ \ddot{q}_2 = f_2(q_1, q_2) \\ \ddot{q}_3 = f_3(q_1, q_2) \end{cases} \tag{3-12}$$

令 $q_i = x_i$，$\dot{q}_i = x_{(i+3)}$ $(i=1,2,3)$，则可以求得：

$$\begin{cases} \dfrac{\mathrm{d}x_1}{\mathrm{d}t} = x_4 \quad , \dfrac{\mathrm{d}x_4}{\mathrm{d}t} = f_1(x_1, x_2) \\[2mm] \dfrac{\mathrm{d}x_2}{\mathrm{d}t} = x_5 \quad , \dfrac{\mathrm{d}x_5}{\mathrm{d}t} = f_2(x_1, x_2) \\[2mm] \dfrac{\mathrm{d}x_3}{\mathrm{d}t} = x_6 \quad , \dfrac{\mathrm{d}x_6}{\mathrm{d}t} = f_3(x_1, x_2) \end{cases} \tag{3-13}$$

从式(3-13)可以看出，通过采用龙格库塔算法，就可以计算出提升机在立即制动情况下主绳打滑时的滑动距离、滑动速度，再通过式(3-12)就可以计算出相应的主钢丝绳的张力。

3.5.2　提升系统主绳打滑故障原因分析

上节分析了多绳摩擦式提升机系统在等速运行阶段、启动运行阶段、发生井口立即制动情况下受力情况的数学模型，从上述分析中可以看出，提升机产生主绳打滑故障时，其产生的原因受到提升机衬垫的摩擦系数、提升机运行速度以及提升主钢丝绳张力差几个因素的影响。

正是由于多绳摩擦式提升系统通过衬垫与主钢丝绳之间的摩擦力来实现提升的目的，因此其必然会存在主绳打滑的可能，图3-7给出了多绳摩擦式提升机的力学模型。

从图3-7可以看出，要实现多绳摩擦式提升机系统的正常提升，需要保证提升系统主钢丝绳两侧存在张力差。如图所示，假定重载侧提升主钢丝绳张力为 T_a，轻载侧为 T_b，摩擦系数(衬垫与主钢丝绳之间)为 μ，围包角为 α，可以得到式(3-14)所表达的三种不同受力情况。

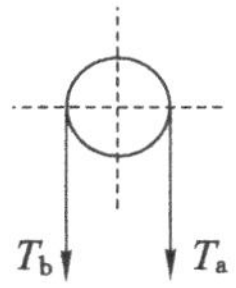

T_b $\qquad$ T_a

轻载侧　重载侧

图 3-7　系统力学模型

$$\begin{cases} T_a - T_b < T_b(e^{\mu\alpha} - 1) \quad 正常提升 \\ T_a - T_b = T_b(e^{\mu\alpha} - 1) \quad 临界状态 \\ T_a - T_b > T_b(e^{\mu\alpha} - 1) \quad 主绳打滑 \end{cases} \tag{3-14}$$

从上式可以看出，在出现提升系统衬垫与主钢丝绳之间摩擦系数变小、运行速度较大、主钢丝绳两侧张力差变大的情况下就会发生提升机主绳打滑故障。

通过对大量矿井多绳摩擦式提升机主绳打滑故障情况分析以及上述数学模型的研究可以看出，其发生主钢丝绳打滑故障的主要原因是提升机速度过快，同时还受到衬垫摩擦系数变化的影响,以及由于装卸、载方式造成的超载等。图 3-8 给出了摩擦式提升系统发生主绳打滑故障的故障树,全面解释了提升机主绳打滑的主要原因。

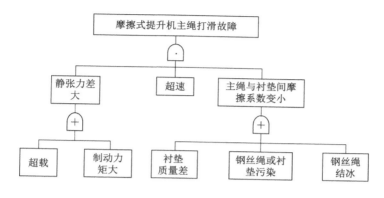

图 3-8　提升机主绳打滑故障树

3.6　矿井提升机制动系统失效分析

对于矿井提升系统来讲,要保证其实现安全可靠运行,防止出现危及提升系统安全运行的重大事故的发生,必须保证提升机的制动系统能够可靠动作。大量的煤矿运行记录以及研究成果证明,虽然提升机制动系统与矿井提升机过卷、断绳等重大故障没有直接的关系,但是一个可靠的制动系统完全可以起到阻止或者抑制重大提升事故发生的作用。如果提升机制动系统性能良好,维护正常,并在出现危险时,能够及时可靠地进行有效制动,充分发挥提升机制动系统的作用,完全可以降低提升事故的危害程度。如果提升机制动系统存在安全隐患而没有发现,当出现故障需要进行有效制动时,不能可靠地进行制动,最终必然会导致重大的提升安全事故,甚至会出现过卷、断绳等事故[123-127]。因此,对矿井提升机制动系统失效故障进行分析具有十分重要的意义。

目前在矿井提升机制动系统中,除了个别矿井在使用风力制动系统外,基本上都采用液压制动系统,其核心部分采用盘型制动器。之所以选用盘型制动器(盘形闸)作为主要制动元件,是因为其制动力可以根据矿井实际情况进行调节,制动行程短、反应速度快、几何尺寸小,可同时采用多副盘型制动器实现制动,可靠性高,具有极强的通用性,可以与各种不同型号的提升装置进行配套使用。

图 3-9给出了其结构图,从图中可以看出,盘形闸主要由制动盘、弹簧、闸瓦、活塞等组成。其工作状态包括制动状态和开闸状态两种,在提升机正常运行时,其处于开闸状态,此时由于液压站加压,压力作用于活塞,使其推动闸瓦离开提升滚筒装置的制动盘,实现提升机制动系统的开闸;而当提升机出现故障或者正常停车时,此时液压站油压降低,弹簧推动活塞运动,闸瓦逐渐与制动盘接触,当液压油压力降为 0 时,提升机制动系统就处于全制动状态,实现了提升系统的制动。

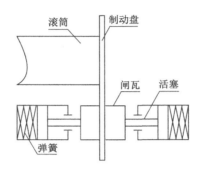

图 3-9   盘形闸结构示意图

3.6.1   盘形闸数学模型

为了更好地分析提升机制动系统的工作原理,有必要对盘形闸建立数学模型,进一步进行理论分析。图 3-10 给出了提升机盘形闸的力学模型,在该模型中假定闸瓦和制动器中活塞的质量为 M,并将其组合作为系统研究的对象。在该模型中,做出如下规定:将液压站输出油压记为 $P(t)$,$s_0(t)$ 表示闸瓦位移,闸盘油缸的有效面积用 A 表示,滚筒制动盘对闸瓦反作用力为 N,弹簧的弹性系数为 k,阻尼系数为 c,系统中油缸等对活塞的阻力为 $f(t)$,则根据牛顿力学原理,可以求得盘形闸的力学平衡方程如式(3-15)所示:

$$P(t)A - f(t) - N - ks_0(t) - c\frac{\mathrm{d}s_0(t)}{\mathrm{d}t} = M\frac{\mathrm{d}^2 s_0(t)}{\mathrm{d}t^2} \tag{3-15}$$

3.6.2   提升机制动器工作过程分析

3.6.2.1   制动过程分析

提升机在发生立即制动停车或者正常处于停车状态时,这时候液压站处于断电状态,液压站电机停止工作,原来在盘形闸内的液压油全部流回液压站中,

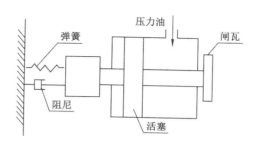

图 3-10　盘形闸力学模型

压力降为 0，此时液压制动系统处于完全制动状态。而当提升机在正常运行时，液压站的工作油压处于最大值，此时盘形闸完全打开，停止运行，速度降为 0，盘形闸完全与制动盘分离，N 降为 0。假设正常调整好的制动器盘形闸与制动盘之间的闸瓦间隙为 δ，弹簧的预压缩行程为 s_0，式(3-15)变为如下公式：

$$f(t) = P(t)_{\max} A - k(s_0 + \delta) \tag{3-16}$$

由于闸瓦间隙 δ 和 s_0 在提升机制动系统处于完全开闸状态时，为一个固定值，此时制动油压值也为最大值 $P(t)_{\max}$，闸盘油缸壁对活塞的阻力也相应地达到最大值 $f_{\max}$。

在提升机开始制动时，液压站输出油压开始从 $P(t)_{\max}$ 逐渐减小，$f(t)$ 也开始从 $f_{\max}$ 逐渐降为 0，并继续变小直到变为 $-f_{\max}$，此时制动装置的制动器开始向安装在滚筒上的制动盘运行。当制动闸盘运行的位移为 δ 时，制动盘开始与闸盘接触，此时制动盘对活塞的反作用力 N 为 0，假设液压制动系统的贴闸压力为 P_t，此时式(3-15)变为：

$$ks_0 = P_t A + f_{\max} \tag{3-17}$$

此后，液压站输出油压从 P_t 逐渐变化到 P，此时存在：

$$N = ks_0 - (PA + f_{\max}) \tag{3-18}$$

则可求得：

$$N = (P_t - P)A \tag{3-19}$$

一般为了保证液压制动系统的可靠性，都装有多个盘形闸，假设盘形闸的数量为 m 对，则作用于制动盘上的正压力 N_p 为：

$$N_p = \sum_{i=1}^{m} A_i (P_{it} - P_i) \tag{3-20}$$

只有当液压站输出油压降为最小值，即液压站的残压为 P_c 时，从式(3-20)可以看出，此时作用在制动盘上的压力最大为：

$$N_{\max} = \sum_{i=1}^{m} A_i (P_{it} - P_{ci}) \tag{3-21}$$

假设制动盘的半径为 R,制动盘与盘形闸闸瓦之间的摩擦系数为 μ_i,可求得提升机制动系统作用于制动盘上的制动力矩 M_z 为:

$$M_z = \sum_{i=1}^{m} N_i \mu_i R \tag{3-22}$$

从式(3-22)可以看出,制动力矩和闸盘半径、液压站贴闸压力、残压、油缸的有效作用面积等参数有关,要想获得最大的制动力矩,降低液压系统的残压是一个行之有效的方法。

3.6.2.2 开闸过程分析

要想使提升机系统工作,就需要对制动系统进行松闸。首先要对液压站供电,使之启动起来,通过油管将液压油注入盘形闸中,推动活塞对弹簧进行压缩,从而使闸瓦脱离制动盘,达到开闸的目的。

从前面的分析中知道,液压站在制动状态时,制动闸瓦内的压力最小,即为液压站的残压 P_c,作用在制动盘上的正压力最大,其值可以由式(3-21)求出。从式(3-15)可以看出,此时作用在活塞上的阻力 $f(t)$ 的方向与液压站输出油压的 $P(t)$ 的作用方向相同,随着液压站工作,制动系统中油压逐渐升高,此时 $|f(t)|$ 从最大值 $f_{\max}$ 逐渐降低为 0,之后开始反向增大,当其值达到 $-f_{\max}$ 之后,此时,作用在制动盘上的正压力 N 可表示为:

$$N = ks_0 + f_{\max} - P(t)A \tag{3-23}$$

随后,液压站输出油压 $P(t)$ 继续增大,作用于制动盘上的正压力 N 逐渐减小,当其变为 0 时,此时闸瓦刚好脱离制动盘,假设此时液压站输出油压为 P_k,弹簧的压缩量为 s_0,上式可以改写为式(3-24)表示:

$$P_k A = ks_0 + f_{\max} \tag{3-24}$$

闸瓦脱离提升系统制动盘后,随着液压站输出油压 $P(t)$ 的继续增加,闸瓦就完全与制动盘脱离,当液压站的输出油压达到最大值 $P(t)_{\max}$ 时,闸瓦完全打开,此时制动器闸瓦处于敞闸状态,提升机系统就可以正常运行。此时可以求得:

$$ks_0 = (\frac{P_t + P_k}{2})A \tag{3-25}$$

$$f_{\max} = (\frac{P_k - P_t}{2})A \tag{3-26}$$

从上面两式可以求出闸瓦的受力为:

$$k_i s_{0i} = \left(\frac{P_{ti} + P_{ki}}{2}\right) A \tag{3-27}$$

$$f_{imax} = \left(\frac{P_{ki} + P_{ti}}{2}\right) A \tag{3-28}$$

从上述公式可以看出,液压站制动闸瓦的弹簧是否失效可以通过测量得到的开闸油压与贴闸油压来判断。

3.6.3　提升机制动系统失效分析

在目前新建的高产矿井中,随着开采深度的增加,缠绕式提升机使用的数量逐渐减少,因此在本节只讨论多绳摩擦式提升机制动系统失效故障。通过对多个矿井提升机制动系统的工作原理分析及现场运行的故障记录可以看出,提升机制动系统失效是制动系统最主要的故障,图 3-11 给出了摩擦式提升机制动系统失效的故障树。

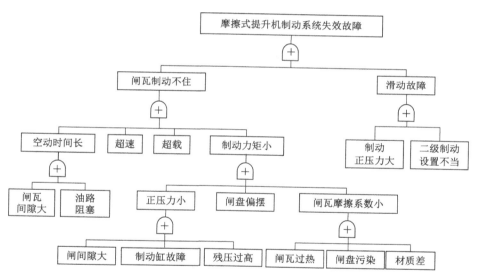

图 3-11　摩擦式提升机制动系统失效故障树

从图 3-11 中可以看出,对于多绳摩擦式提升机来讲,其发生制动系统失效可能是主绳打滑或者闸瓦制动不住等故障造成的,这与空动时间过长、超速、超载、制动力矩过小等因素有关。这些故障的判断均可以从提升机的电流、速度、提升荷载、制动油压、提升机行程等参数中反映出来,因此对通过这些参数的实时监测并采用故障诊断方法可以发现提升机系统潜在的故障。

第 4 章　基于自适应神经模糊推理的提升机故障诊断研究

4.1　引言

从智能故障诊断技术的发展过程中可以看出,利用单一的诊断理论和诊断技术都不能很好地解决实际问题[128],对于矿井提升机这样的复杂系统来说更是如此。在现代化的矿井生产中,尤其是全部采用机械化进行采煤生产的矿井中,提升机系统的可靠性就显得十分重要。对提升机系统进行实时监测与感知,以便及时发现故障、预测故障,防止出现重大安全事故,受到越来越多研究人员的重视。文献[129]提出了基于物联网的矿井提升机感知系统的结构体系,以及如何通过物联网技术实现提升机故障的检测与诊断。由于神经网络具有处理复杂多模式以及能够进行联想、推测和记忆的功能,非常适合应用于对大型复杂系统的故障诊断。文献[45]将神经网络应用于矿井提升机制动系统故障诊断,得到了在保证提升机故障诊断可靠性的前提下,对恒减速液压站采用模糊神经网络控制器的最优算法。文献[130]将小波神经网络理论应用到小电流接地系统的故障诊断中。文献[131-135]采用小波分析、神经网络、模糊理论等方法对矿井提升机系统的故障进行了相应的研究。

自从模糊数学理论于 1965 年由著名的自控专家查德教授提出后[47],模糊理论已经在自动控制、模式识别以及专家系统、故障诊断理论中得到了广泛的应用。在对实际问题进行研究的过程中,将模糊理论、神经网络等算法结合起来对实际问题进行求解,具有十分重要的意义。在文献[135]中,著名学者 Jang 于1993 年提出了自适应模糊推理系统(ANFIS),很好地实现了神经网络与模糊理论两者之间的有机结合。目前,ANFIS 已经被广泛地应用到各种不同的领域,如半导体生产线生产设备的故障预测[56]、汽车发动机的振动参数故障诊断[57]、水电群中长期预报[58]、股票价格预测[136]以及提升机故障诊断[137]等领域。为了对矿井提升机系统的故障进行系统研究与分析,在本章中采用自适应模糊神经网络,将通过传感器测到的电机电流、提升荷载、液压站油压、提升速度等变量进行优化处理,引入模糊控制器,对矿井提升机发生超载、重物下放或者出现液压站欠压故障的情况进行诊断与状态识别研究,以保证提升机系统的安全性与可靠性。由于在进行提升机系统智能故障诊断的过程中,引入了提升机电流、提升荷载、油压、提升速度等参数,而目前还没有一个精确的数学模型对之进行评价,以判断提升系统是否发生故障,为此,本书考虑设计一个自适应神经网络模糊推理系统(adaptive network based fuzzy inference system,简称 ANFIS),通过采用永煤集团陈四楼矿主井提升机实际运行数据对 ANFIS 进行系统训练。训练数据均包含提升机运行状态正常、超载、重物下放和液压站欠压 4 种情况,通过训练,使训练后的 ANFIS 对提升机发生超载、重物下放或者液压站欠压的情况时能够进行快速的故障诊断。

4.2　基于 ANFIS 的提升机故障分类框架

在得到提升机系统的电流、油压、提升荷载、速度等参数后,为了对提升机系统的运行状态进行故障诊断,根据矿井提升机系统故障诊断的实际情况,设计的故障分类方法框架如图 4-1 所示。

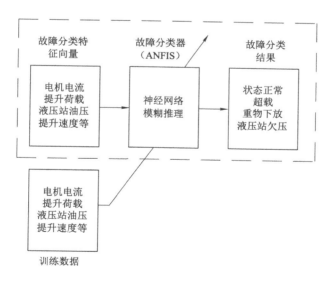

图 4-1　故障分类方法框架示意图

在进行该故障诊断器设计时,提升机系统故障诊断的训练数据通过控制系统中 PLC 控制系统采集电机电流、提升速度、提升荷载、液压站油压等数据。ANFIS 故障分类器模块以 ANFIS 为核心,其根据内嵌算法完成提升机系统的故障分类与诊断功能。

在利用训练数据进行 ANFIS 分类器的训练、测试过程中,如果 ANFIS 分类精度满足要求(达到 95% 以上),此时就能将通过 PLC 控制系统得到的提升机运行数据送入已经训练好的 ANFIS 分类器,来判断提升机运行状态是否为正常、超载,或者是否发生了重物下放以及是否发生液压站欠压故障。

在进行故障诊断时,PLC 控制系统得到的提升机运行数据是通过布设在提升机控制系统中的各种不同的传感器采集的,在 PLC 中进行滤波、整理与计算,并以一定的格式存储在 PLC 中的数据块中,通过与上位计算机进行数据交换,将数据自动传输到上位计算机中,通过安装在上位计算机中的 ANFIS 分类器对得到的数据进行处理。

4.3 自适应神经模糊推理系统

4.3.1 自适应神经网络

自适应神经网络(adaptive neural network)是一种通过节点以及连接节点的有向链接组成的一种前馈型多层神经网络[137-139]。图 4-2 给出了自适应神经网络的常用结构图。

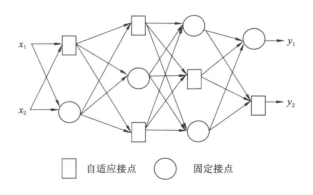

□ 自适应接点　○ 固定接点

图 4-2　自适应神经网络结构图

从图 4-2 可以看出,自适应神经网络具有自适应节点和固定节点,由于每个节点均具有信息处理能力,故其学习能力极强。在该网络中,自适应节点具有可调参数功能,可以根据计算要求的不同而采用不同的参数;而固定节点的参数固定,不具备可调参数。在整个网络中,由于采用不同的节点函数,当输入信号进入节点后,通过该节点函数计算出输出结果并传递到下一个节点作为其输入信息,自适应网络整体的输入与输出关系决定了节点函数的选择。

学习算法是为了完成不同的任务,达到不同的目的而建立的,所以对于不同的数学模型来讲,其算法也各不相同。对于自适应神经网络来讲,从本质上看它是一个由输入空间到输出空间的映射关系,网络结构以及节点之间的关系与功能反映了该网络的映射关系。在采用自适应神经网络实现故障诊断以及参数辨识的过程中,其目标就是要找出反映系统输入与输出之间映射关系的网络结构与节点参数,以满足故障诊断的需要。在这个寻求最佳参数的过程中,定义系统的训练数据为反映输入输出关系的特征向量;学习算法则是反映自适应神经网络性能的网络参数调整过程;在进行故障诊断与参数辨识过程中网络输出与期望值之间的差别称为误差。在进行自适应网络参数的求解过程中,常用的学习算法有梯度下降法、附加动量法等多种不同的算法。

在对自适应神经网络的学习算法进行求解时,以一个具有 N 层的网络结构为例,i 层上有 $g(i)$ 个节点,其中第 n 个节点用 (i,n) 表示其所在的位置,输出为 y_n^i,该节点对应的函数用 f_n^i 表示,则可以得出如下关于节点的输入输出关系:

$$y_n^i = f_n^i(y_1^{i-1}, y_2^{i-1}, \cdots, y_{g(i-1)}^{i-1}, a, b, c, \cdots) \tag{4-1}$$

式中 a,b,c 代表节点函数的系数。

如果自适应神经网络有 M 组训练样本,则第 k 组样本的误差可以定义为:

$$E_k = \sum_{n=1}^{g(N)} (d_{n,k} - y_{n,k}^N)^2 \tag{4-2}$$

式中,$d_{n,k}$ 表示第 k 组样本的 n 个分量的期望输出,$y_{n,k}^N$ 表示该输入分量实际产生的输出向量的第 n 个分量。则通过前述分析可以求得整个网络的整体误差为:

$$E = \sum_{k=1}^{m} E_k \tag{4-3}$$

当采用梯度下降法求解自适应神经网络的参数时,需要求得节点输出 y 的误差变化率为:

$$\frac{\partial E_k}{\partial y_{n,k}^i} \sum_{n=1}^{g(i+1)} \frac{\partial E_k \partial y_{n,k}^{i+1}}{\partial y_{n,k}^{i+1} \partial y_{n,k}^i} \tag{4-4}$$

通过上式即可求得网络节点输出 y 的误差变化率。对于网络中的非输出

层上的节点,其误差变化率可以采用公式(4-5)进行计算:

$$\frac{\partial E_k}{\partial y_{n,k}^N} = -2(d_{n,k} - y_{n,k}^N), \quad 1 \leqslant i \leqslant N-1 \tag{4-5}$$

从上述两式可以看出自适应神经网络的误差变化率均可以通过其求出。假定 a 是该自适应神经网络的一个参数,则对于其第 l 组样本($1 \leqslant l \leqslant M$)的误差相对于参数 a 的变化率可以采用公式(4-6)进行计算:

$$\frac{\partial E_k}{\partial a} = \sum_{y_a} \frac{\partial E_k}{\partial y_a} \frac{\partial y_a}{\partial a} \tag{4-6}$$

相对于整个自适应神经网络,其整体误差变化率可以用公式(4-7)进行计算:

$$\frac{\partial E}{\partial a} = \sum_{k=1}^m \frac{\partial E_k}{\partial a} \tag{4-7}$$

则网络参数 a 的调整过程可以通过公式(4-8)进行计算:

$$\Delta a = -\eta \frac{\partial E}{\partial a}, \eta = \frac{\upsilon}{\sqrt{\sum_a \left(\frac{\partial E}{\partial a}\right)^2}} \tag{4-8}$$

式中,υ 代表步长,其值反映了算法的收敛速度。由于在计算过程中,采用自适应算法会出现收敛于局部极小值的情况,在这种情况下,文献[58]提出采用将最小二乘法与梯度下降法相结合的混合算法来实现对自适应神经网络系统进行参数辨识。类似文献有很多,此处不再进行深入研究。总之,采用该混合算法可以达到缩短计算时间、提高收敛速度的目的。

4.3.2 自适应神经模糊推理系统

图 4-3 给出了模糊推理系统的结构图,从图中可以看出其由模糊化模块、规则库、推理机以及反模糊化模块 4 部分组成。由于该模型具有精确的输入输出关系,因此在控制工程以及故障诊断等领域具有广泛的应用价值。

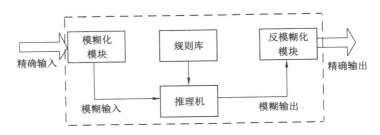

图 4-3　模糊推理系统结构图

在图 4-3 中,模糊化模块主要用来将输入的精确的数字量通过模糊化处理成能够用语言进行表述的输入信号。常用的方法是采用隶属函数的方法对系统的输入信号进行处理,其目的是得到能够用语言表示的隶属度。目前在进行模糊化处理时常采用的隶属函数有钟形、三角形以及梯形等不同类型。式(4-9)给出了常见的钟形隶属函数的数学描述。

$$f(x,a,b,c) = \cfrac{1}{1 + \left| \cfrac{x-c}{a} \right|^{2b}} \tag{4-9}$$

式中,a,b,c 为隶属函数形状调整参数,可以用来调整隶属函数的中心和宽度,可修改的预定参数。

在上式中,通过调整参数 b 可以实现钟形隶属函数方向的改变。

在模糊推理系统中,其规则库由 if-then 语句组成,if 语句表示事件的前提条件或者原因,then 语句表示结论或者前一事件的后续事件。模糊规则库的建立有多种方法,许多文献对此均有描述,如文献[58]和文献[138]中就提到了多种建立模糊规则库的方法。目前常用的方法有采用基于熟练操作所得到的输入与输出信息之间的关系建立的设计思想;采用通过对领域内专家进行咨询与探讨得到的以专家经验为基础的方法;采用模糊逻辑进行表述的建立规则库的方法;对于复杂系统,由于其控制规则不易确立,此时采用自组织模糊控制器实现对复杂系统建立规则库。

所谓推理机就是反映自适应模糊神经推理系统从已知到结果的求解过程。在该推理系统中,其基本原理就是通过采用模糊推理的方法将规则库中的模糊规则归集在一起,采用一种规则将一个模糊集映射为另一个模糊集的过程。目前常用的推理方法有很多种,其中常用的有 M. Sugeno 和 G. T. Kang 文献[139]中提出的模糊推理 Sugeno 模型,E. H. Mamdani 和 S. Assilian 在文献[140]提出的模糊推理的 Mamdani 模型;Y. Tsukamoto 在文献[141]中提出的 Tsukamoto 模糊推理模型。

所谓去模糊化处理过程就是通过采用数学处理的方法将推理机得出的模糊推理变为精确输出的过程。目前常用来进行去模糊化处理的方法有面积中心法、极大最小法等不同种类的算法。

将人工神经网络与自适应模糊推理系统结合起来,利用其在参数辨识以及故障诊断领域的共同点,有效解决复杂问题的数学建模,具有十分重要的实用价值。两者共同之处在于两者均为非线性数学模型,可以很方便地为精确给定数据系统的输入与输出数据建立起非线性的数学模型;两者在对相关数据信息进行处理时均采用并行处理的方式实现对非线性数据的处理。两者之间的不同之处在于,神经网络属于典型的黑箱理论,其具有极强的处理周边环境变化的能力,自适应学习能力强,但学习结果用语言表达困难;而模糊推理系统则具有有效的推理机制,采用 if-then 语句进行处理,容易表达输入与输出之间的关系,但存在着模糊规则与隶属函数不容易确立的缺点,而该缺点正是神经网络的优点。因此,本章采用将两者有机结合起来的 ANFIS 模型来解决提升机系统的故障诊断问题。

4.3.3 提升机自适应神经模糊推理系统及学习算法

从提升机电流、速度等特征向量得到提升机系统故障类型和运行状态之间的映射关系建立的过程,属于模式识别问题,从其问题的实质上讲,该问题属于分类问题的范畴。由于矿井提升机系统是一个多变量、非线性的时变系统,其运行受多种因素的影响,因此在进行故障分类时存在推理规则不确定的问题。

ANFIS 实际上是一个在功能上能够实现模糊推理的自适应网络,在系统构成上类似于神经网络,即建立提升机故障分类中系统的特征向量与提升机故障的分类结果之间的映射关系。利用 ANFIS 逼近非线性函数的良好能力,建立两者之间的映射关系并将训练结果存储在 ANFIS 的相关权值中。因此,利用 ANFIS 进行提升机系统的故障分类在理论上是完全可行的。

利用 ANFIS[142-145] 可以实现提升机输入特征向量和故障分类结果之间的复杂映射关系的学习。本书采用多输入单输出 ANFIS 实现提升机故障分类,输入值为电机电流、提升速度、提升荷载、液压站油压等特征向量,输出值为提升机的故障分类结果。

图 4-4 为两输入(x,y)、单输出(z)的 ANFIS 系统。

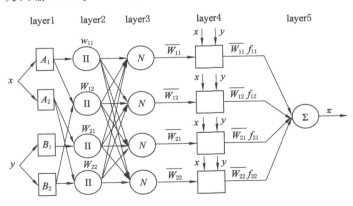

图 4-4　ANFIS 原理图

第一层为自适应模糊化层：

$$O^1_{Ai} = \mu_{Ai}(x), \quad i = 1, 2$$
$$O^1_{Bj} = \mu_{Bj}(y), \quad j = 1, 2 \tag{4-10}$$

式中，x, y 为节点 i 的输入；与某一节点相关的语言描述及标识用 A_i, B_j 表示；模糊集的隶属度用 O^1_{Ai}, O^1_{Bi} 表示。

在进行模糊推理的过程中，常用的隶属度函数包括高斯型（gaussmf）、梯形（trapmf）、钟形（gbellmf）等。

第二层为用于计算规则激励强度的模糊规则层。

$$O^2_{ij} = W_{ij} = \mu_{Ai}(x)\mu_{Bj}(y), \quad i, j = 1, 2 \tag{4-11}$$

第三层为用于计算规则的归一化激励强度的归一化激励强度层：

$$O^3_{ij} = \overline{W}_{ij} = \frac{W_{ij}}{W_{11} + W_{12} + W_{21} + W_{22}}, \quad i, j = 1, 2 \tag{4-12}$$

第四层为计算规则的输出的自适应框架层，由自适应结点构成：

$$O^4_{ij} = \overline{W}_{ij} f_{ij} = \overline{W}_{ij}(p_{ij}x + q_{ij}y + r_{ij}), \quad i, j = 1, 2 \tag{4-13}$$

式中，$\{p_{ij}, q_{ij}, r_{ij}\}$ 为结果参数。

第五层为计算 ANFIS 输出的输出层：

$$z = O^5_1 = \sum_{i=1}^{2} \sum_{j=1}^{2} \overline{W}_{ij} f_{ij} = \sum_{i=1}^{2} \sum_{j=1}^{2} \overline{W}_{ij}(p_{ij}x + q_{ij}y + r_{ij})$$
$$= \sum_{i=1}^{2} \sum_{j=1}^{2} \left[(\overline{W}_{ij}x)p_{ij} + (\overline{W}_{ij}y)q_{ij} + (\overline{W}_{ij})r_{ij} \right] \tag{4-14}$$

从以上 5 层结构可以看出，第 1 和第 4 层为自适应层，这两层均可以通过对参数的修改达到对 ANFIS 进行训练的目的。在对 ANFIS 网络进行网络参数训练时，常采用的方法为梯度下降法，但采用该方法的最大不足之处在于计算时间长、收敛速度慢。为了克服梯度下降法的这一缺点，在进行网络参数优化与计算时，考虑到网络参数与推理后的输出数据之间存在线性关系，文献[146]中提出了混合学习算法，该算法可以在对 ANFIS 模型进行网络参数优化时，采用最小二乘法来计算这些线性关系的网络参数，以发挥两者的优点，达到对 ANFIS 网络参数的快速识别与计算。在对 ANFIS 网络进行计算时，如果假定输入参数 x, y 固定不变，则通过 ANFIS 计算后其输出为计算结果的线性组合。其输出结果可以通过对式(4-14)中的参数 $\{p_{ij}, q_{ij}, r_{ij}\}$ 的修改来实现。因此，采用最小二乘法与梯度下降法两者相结合的混合学习算法，可以快速地计算出 ANFIS 的网络参数。

4.3.4　减法聚类算法及其在 ANFIS 中的实现

在 ANFIS 系统中，要实现对网络结构参数的获得，实现对输入数据的空间结构辨识以及模糊推理过程中模糊规则数目的确定,需要采用有效的方法对其进行分类,目前常采用聚类的方法实现对推理系统模糊规则及其数目的确定。所谓聚类的方法就是采用数学的方法,对事物或者现象按照特定的要求以及规律实现对其进行识别以及区分的过程。由于在实现聚类的过程中,没有有效的指导方法,同时对于事物的分类没有行之有效的经验供参考,对事物的分类完全依据事物之间的相似性进行区分,因此该方法属于无监督的分类方法。在对聚类方法进行研究的过程中,出现了多种不同的分析方法,包括 FCM 聚类方法、C均值聚类方法以及减法聚类方法。王莉等在文献[147]中采用改进 FCM 的聚类方法建立了水处理的自适应模糊神经网络模型;王克刚等在文献[148]中采用C 均值聚类的方法进行复杂图像的分割识别;孔莉芳等在文献[57]中采用减法聚类的方法实现了对发动机故障诊断与故障诊断模型的确定;曹政才等在文献[56]中采用减法聚类的方法对建立的半导体生产线的 ANFIS 进行仿真分析与故障诊断,可以实现对生产线下一步出现的故障进行有效的预防。由此可以看出,采用聚类方法尤其是减法聚类的方法,对建立的 ANFIS 模型进行参数识别是一个有效的方法。因此,本书采用减法聚类的方法实现对提升机故障的聚类,以确定模糊规则数,并采用最小二乘法与梯度下降法相结合的方法实现对提升机故障诊断模型的确立。

减法聚类算法的核心思想是将需要分类的数据均作为一个可能的聚类中心,采用该聚类方法时,由于在计算过程中数据量与计算量之间具有近似的线性关系,其计算量与数据所在空间维度无关。为此,假定在 m 维空间中存在 N 个数据样本$(X_1, X_2, \cdots, X_n)$,在进行减法聚类时,首先将数据进行归一化处理,得到一个位于$[0,1]$中的数据,此时每个数据均是潜在的数据聚类中心,该数据点成为聚类中心的可能性由式(4-15)计算可以得出:

$$D_i = \sum_{j=1}^{n} e^{-\frac{\|x_i - x_j\|^2}{(\frac{r_a}{2})^2}} \tag{4-15}$$

式中,$\|\cdot\|$表示欧几里德距离;密度指标的作用范围用 r_a 表示,其为正数,代表了所得到聚类中心的密集程度。在进行运算时,将通过计算得到的数据密度最大的数据点作为第一个聚类中心,再通过式(4-16)对该点的密度指标进行修正,以获得一个最佳的首个聚类中心。

$$D_i = D_i - D_d e^{-\frac{\|x_i - x_d\|^2}{(\frac{r_b}{2})^2}} \tag{4-16}$$

其中 X_d 为经过计算选定的首个聚类中心;D_d 为首个选定聚类中心点的密度值;r_b 为一个大于 0 的常数,此时在 X_d 出现新的聚类中心可能性逐渐降低。对首个聚类中心进行处理后,选择下一个聚类中心,利用上述公式进行计算,直到得到

第 n 个聚类中心,此时结束聚类处理。通过采用减法聚类方法对 ANFIS 进行参数辨识,并对输入输出数据进行减法聚类以获得较少的模糊规则,达到优化 ANFIS 的目的。

由此可以看出,通过采用减法聚类的方法对所研究问题的数据进行提取,达到对所研究问题数学模型所需模糊规则的提取,进而完成对提升机故障诊断模型 ANFIS 的构造。在实际应用过程中,通过减法聚类的方法找到需要解决问题的聚类中心,再通过聚类中心的个数来确定模糊推理系统的模糊规则数以及该模型各个输入变量所对应的隶属函数以及数量。当对一个对应于故障诊断模型的输入、输出数据集时,每一个通过减法聚类算法得到的聚类中心表示一个所建立的故障诊断模型的某一个特性所对应的原型。假定在一个故障诊断模型中存在一个 m 组 n 维的输入数据样本 $(X_1, X_2, \cdots, X_m)$,系统最终目的是建立一个具有 $n-1$ 个输入、1 个输出的故障诊断模型。$X_l = [x_l(1), x_l(2), \cdots, x_l(n)]$,$l = 1, 2, \cdots, m$ 代表其中的第 l 组数据。则假定在进行减法聚类的过程中,一共产生了 d 组聚类中心,其中第 t 个聚类中心定义为 $X_t = [x_t(1), x_t(2), \cdots, x_t(n)]$,$t = 1, 2, \cdots, d$。则由第 d 组聚类中心对应的 t 条模糊推理规则可以表示为:

$$\text{Rule } t : \text{If } X \text{ is } u_t \text{ then } y \text{ is } f_t \tag{4-17}$$

式中 f 代表输出结果,则:

$$u_t = \exp - \frac{\| X - C_{t,(n-1)} \|^2}{(r_a / 2)^2} \tag{4-18}$$

$$f_t = k_{t1} x(1) + k_{t2} x(1) + \cdots + k_{tn} x(n) + c_t x(n) \tag{4-19}$$

前者为多维模糊集,称之为前件,后者为后件函数,最终 ANFIS 的输出结果为:

$$Y = \sum_{t=1}^{d} u_t f_t \tag{4-20}$$

则通过以上计算就可以得到 ANFIS 模型的网络结构参数。

4.4　基于 ANFIS 的提升机故障分类仿真研究

4.4.1　ANFIS 故障分类流程

为了对提升机系统进行有效的故障诊断,本书利用 ANFIS 进行提升机故障诊断分类,其流程如图 4-5 所示。

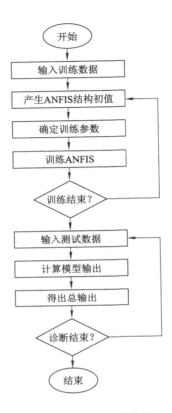

图 4-5　故障诊断分类流程

4.4.2　基于 ANFIS 的提升机故障分类仿真研究

4.4.2.1　实验数据来源

　　在进行仿真分析时,采用 800 组数据,该数据来自陈四楼矿主井提升机系统。该测试数据包括提升机正常运行、超载、重物下放以及液压站欠压 4 种情况。ANFIS 的输入为液压站油压(MPa)、电机电流(A)、提升荷载(t)、提升速度(m/s)共 4 个特征值构成的特征向量。通过采用 ANFIS 对数据进行训练,提升系统正常时,期望输出为 2;出现超载情况时,期望输出为 1;出现重物下放时,期望输出为 3;出现液压站欠压故障时,期望输出结果为 4。试验数据如表 4-1 所示。

表 4-1　试验数据

序号	电机电流 /A	液压站油压 /MPa	提升荷载 /t	提升速度 /(m/s)	状态
1	540	14.00	22.98	10.00	正常
2	541	13.96	22.96	9.97	正常
3	551	14.07	23.03	10.02	正常
4	539	14.06	22.85	9.99	正常
5	543	13.98	22.89	9.98	正常
...	...	...	...	...	...
200	543	13.92	23.08	10.05	正常
201	839	13.96	22.96	9.97	超载
202	789	14.07	23.03	10.02	超载
203	911	14.06	22.84	9.99	超载
204	876	13.98	22.95	10.03	超载
205	893	14.01	22.98	10.02	超载
...	...	...	...	...	...
400	798	14.02	23.07	9.96	超载
401	832	14.07	23.03	0.35	重物下放
402	945	14.06	22.83	1.25	重物下放
403	789	13.98	22.89	2.28	重物下放
404	873	13.92	23.07	3.04	重物下放
405	904	13.97	22.86	0.79	重物下放
...	...	...	...	...	...
600	797	13.96	22.89	1.28	重物下放
601	832	6.87	23.00	10.00	液压站欠压
602	891	7.15	22.89	9.99	液压站欠压
603	858	7.12	22.59	10.05	液压站欠压
604	865	6.98	22.59	10.02	液压站欠压
605	865	7.02	22.68	9.87	液压站欠压
...	...	...	...	...	...
800	890	5.91	22.59	9.89	液压站欠压

4.4.2.2　原始模糊推理系统的产生

根据表 4-1 所列的原始训练数据,在进行模型训练时,从表 4-1 中取奇数项数据作为训练样本,这样训练样本数量为 400 个,包含 4 种状态,每种状态有 100 个样本;同样,取偶数项作为测试样本,用于对训练得到的模型进行验证。在训练过程中,采用前述的聚类算法,对所列数据进行减法聚类,得到该输入输出变量的隶属度函数个数和规则个数,并采用最小方差估计法得到输出隶属度函数。原始模糊推理系统通过 genfis2 函数生成[149],训练得到的隶属度函数如图 4-6 所示,生成的判断规则如图 4-7 所示。模糊推理系统 ANFIS 输入输出关系曲线如图 4-8 所示。从上述曲线可以看出,该隶属度函数的形状接近高斯型,该系统一共有 12 条判断规则。

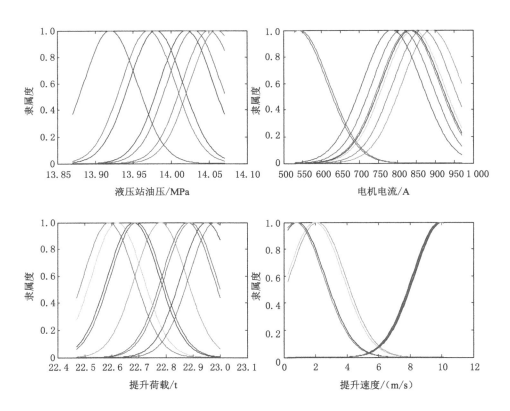

图 4-6　原始模糊推理系统的隶属度函数

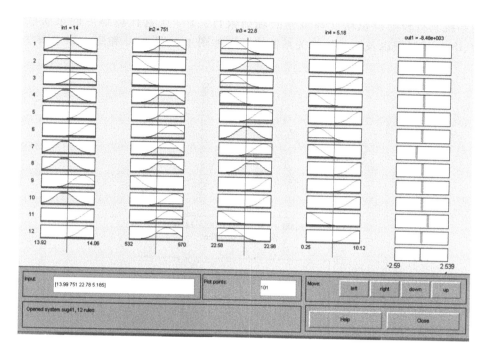

图 4-7　原始模糊推理系统的判断规则

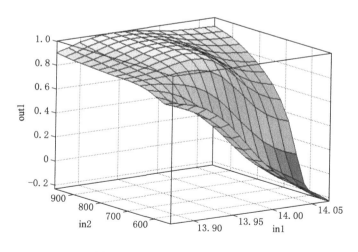

图 4-8　ANFIS 输入输出关系曲线

　　通过对初始模糊推理系统进行参数优化,得到优化模糊推理系统。优化后的系统具有较高辨识精度和最佳的规则数目。100 次迭代训练后的隶属度函数、if-then 规则以及输入输出关系曲线分别如图 4-9、图 4-10 和图 4-11 所示。

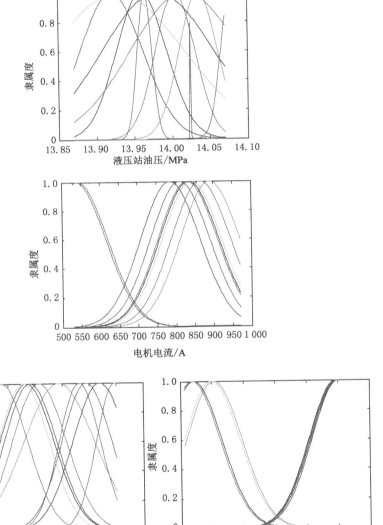

图 4-9　优化后的模糊推理系统隶属度函数

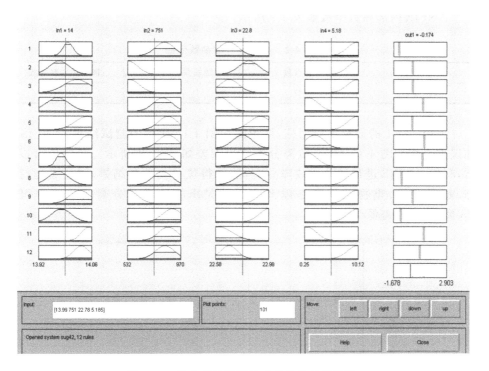

图 4-10　优化后的模糊推理系统的判断规则

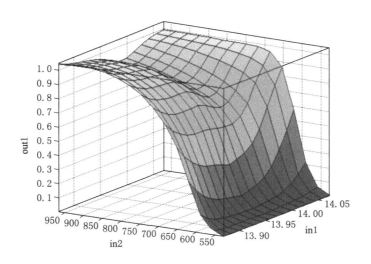

图 4-11　优化后的 ANFIS 输入输出关系曲线

ANFIS 内部参数个数如表 4-2 所示。

表 4-2 ANFIS 内部参数个数

规则数	节点数	线性参数个数	非线性参数个数
8	87	40	64

采用表 4-1 的数据进行训练,可得到如图 4-12 所示的测试结果,ANFIS 训练误差走势如图 4-13 所示,故障分类结果误差如图 4-14 所示。从图中可以看出,利用 ANFIS 进行提升机故障分类,能取得优异的分类结果,对正常运行状态、超载状态、重物下放状态以及液压站欠压故障进行分类的准确率可达 100%,绝对误差低于 1×10^{-3}。

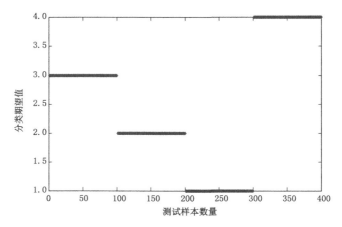

图 4-12 测试数据的故障分类结果

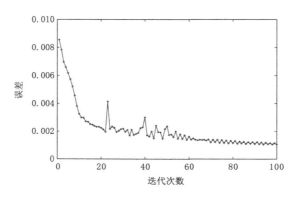

图 4-13 ANFIS 训练误差走势图

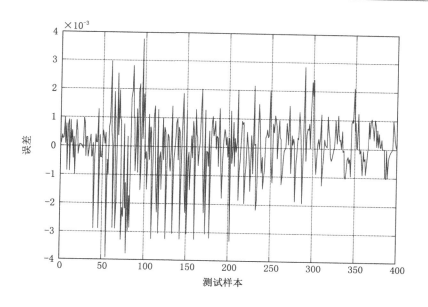

图 4-14　故障分类结果误差

第5章 基于核化局部全局一致性学习的提升机系统智能故障诊断

5.1 引言

矿井提升机系统的安全性与可靠性问题越来越受到各方面的重视,正在逐步成为设计和评价系统的重要指标。故障诊断是根据系统运行状态信息,查找故障源,并进行相应决策的一门综合性学科[21]。目前,常规的故障诊断方法大都依赖于大样本情况下的统计特性,如神经网络[150-152]。如果出现训练样本有限的情况,难以保证有较好的分类推广性能。另外,神经网络实际上是利用梯度下降调节权值,使目标函数达到极小,导致神经网络过分强调克服学习误差而泛化性能不强,同时神经网络还有一些难以克服的缺陷,如隐层单元数目难以确定,网络最终权值受初始值影响较大等。而统计学习理论和支持向量机(support vector machine,简称 SVM)的诞生为这一问题的解决开辟了新的途径[153]。统计学习理论是建立在结构风险最小化原则的基础上的,是专门针对小样本情况下机器学习问题建立的一套新的理论体系,在这种体系下的统计推理,不是要得到样本数趋于无穷大时的最优解,而是追求在现有有限样本情况下的最优解,是兼顾到经验风险和置信范围的一种折中的思想。支持向量机就是在统计学习理论这一基础上发展起来的一种新的机器学习算法,在故障诊断领域得到了较好的应用[154-155]。

然而随着数据采集技术和存储技术的发展,获取无标记样本已变得非常容易。此外,由于有标记样本的获取需要相关领域的专家对样本进行标记,因而相对困难而且代价昂贵。因此在实际的矿井提升机的故障诊断中,通常会有大量的无标记样本,而有标记样本只占很小的比例。当用传统的神经网络、SVM 等监督学习方法来处理此类问题时,由于有标记样本较少,因而训练出来的分类器精度有限。同时,传统的无监督学习方法则没有利用宝贵的已有标记样本指导聚类,因而限制了聚类性能的提高。为此,半监督学习试图用大量的未标记样本学习样本数据的内在结构或规律,在此基础上利用少量的标记样本对学习进行指导,从而改善学习性能。它解决了监督学习为收集大量带标记的训练样本而需要消耗大量人力物力的困难,也克服了非监督学习对解空间搜索的盲目性,以及学习精度差的难关,成为 21 世纪机器学习界一个热门的研究领域,越来越受到研究者们的关注。

最近 10 年,图上半监督学习(graph-based semi-supervised learning)引起了半监督学习研究者的广泛关注。该方法本质上是非参数的(non-parametric)、直推的(transductive)和判别的(discriminative),是一种比较直观、易于理解的学习方法。此类算法直接或间接地利用了流形假设或局部与全局一致性假设。在基于图的半监督学习中,数据的分布信息和数据之间的关系信息都包含在图的结构中,学习的过程需要充分考虑图的结构信息。

目前,研究者已经提出不少基于图的半监督学习算法,具有代表性的方法主要有:最小图分割(mincut)[156]、高斯随机场和调和函数(Gaussian random field and harmonic functions)[157]、局部全局一致性学习(learning with local and global consistency)[158]、谱图分割(spectral graph partitioning)[159]、流形正则化(manifold regularization)[160]等。

图上半监督学习首先要构建一个图,图中的节点表示已标记和未标记的样本,节点之间按照一定的方式相连,形成图上的边。边之间的权值体现对应两个节点之间的关联程度,通常以相似度或距离来度量,如图 5-1 所示。通常创建图的方法有完全连接图、KNN 图等。为了减小计算量和提高计算精度,通常采用 KNN 图,图中任意顶点 p 和 q 之间是否有一条边取决于 p 是否为 q 的 K 近邻或 q 是否为 p 的 K 近邻。图模型中只有少量顶点是已标记的,大部分顶点是未标记的,但顶点所属的类别可以通过连接它们的边向其近邻传播。

基于图的方法通常假设样本标签在图上的分布具有光滑性质,并根据边的连接情况,对未标注样本进行预测。一般来说,半监督学习的目标函数由两部分组成,这也成为后继图上半监督算法的总框架[161]。第一部分表示对错误分类的标注样本进行惩罚,为平方损失函数加上一个无穷大的系数,即 $\sum \infty (\hat{y_i} - y_i)^2 = \infty \parallel \hat{Y_l} - Y_l \parallel^2$,以保证所有的标注样本都能得到正确的分类。其中,$y_i$ 表示标注样本的真实标签,$\hat{y_i}$ 表示预测标签值;第二部分是一个正则算子,即 $\frac{1}{2} \sum_{i,j=1}^{n} w_{ij} (\hat{y_i} - \hat{y_j})^2$,保证相邻样本之间应该足够相似,从而使图上的标签分布具有足够的光滑性。

学习的目标就是最小化函数,见式(5-1):

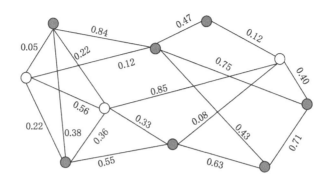

图 5-1　图模型示意图

$$f = \underset{y}{\mathrm{argmin}}\left\{\sum_{i=1}^{l}(\overset{\wedge}{y_i} - y_i)^2 + \frac{1}{2}\sum_{i,j=1}^{l}w_{ij}(\overset{\wedge}{y_i} - \overset{-}{y_j})^2\right\} \tag{5-1}$$

式中，w_{ij} 表示样本 x_i 和 x_j 之间的权值；$\overset{\wedge}{y_i}$ 和 $\overset{\wedge}{y_j}$ 表示样本 x_i，x_j 的预测标签值。

　　近年来，基于图正则化框架的半监督学习得到了国内外学者的广泛关注，取得了不少有价值的成果。比较典型的算法是 Zhou 等人提出的局部全局一致性算法，该算法能够通过近邻节点之间的标签传递来学习分类，不受样本数据分布的局限；而且此算法简单，容易理解。LLGC 只侧重于线性数据分类，存在维数灾难问题，因此，它可能无法处理结构高度非线性的数据。为此，本章在 LLGC 的基础上引入核函数，提出核化局部全局一致性学习（KLLGC），它可以有效地解决上述问题，同时有效地解决了矿井提升机系统的故障分类问题。

5.2　局部全局一致性学习

　　该算法之所以称之为局部全局一致性学习，主要源于半监督学习所要遵循的基本假设：① 相邻的样本可能具有相同的标签；② 在相同结构（或聚类）中的样本具有相同的标签。可以看出，第一个假设是局部的，而第二个是全局的。为了说明这两个假设，文中以 Toy 数据集为例，如图 5-2(a) 所示，Toy 数据集是由两个相互缠绕的半月构成。局部假设是指图上每个点都应该和它周围的点类似，全局假设是指上半月内部的点较下半月内部的点应该更加相似，最理想的分类结果应该如图 5-2(b) 所示。

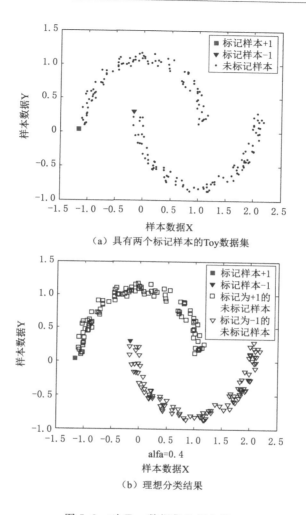

（a）具有两个标记样本的Toy数据集

（b）理想分类结果

图 5-2　对 Toy 数据集进行分类

5.2.1　算法符号说明

假设给定一个样本集 $\boldsymbol{X} = \{x_1, \cdots, x_l, x_{l+1}, \cdots, x_n\} \subset R^d$ 以及一个标签集 $\boldsymbol{C} = \{1, \cdots, c\}$，$c$ 表示类别数。$\boldsymbol{X}$ 的前 l 个样本 $x_i (i \leqslant l)$ 表示标记样本，其标签为 $\{y_1 \cdots y_l\} \in \boldsymbol{C}$；剩下的样本点 $x_u (l+1 \leqslant u \leqslant n)$ 表示未标记样本，且 $l \ll u$。算法的目的是预测未标记样本的标签 y_u。

定义一个 $l \times c$ 的 $\boldsymbol{Y}$ 矩阵来表示初始标记信息，如果样本 x_i 的标签 $y_i = j$，则 $Y_{ij} = 1$，否则 $Y_{ij} = 0$。定义一个 $n \times c$ 的非负矩阵 $\boldsymbol{F}$ 来表示样本在每一次迭代

过程中的标注概率,其第 i 行各元素分别代表了样本节点在各个类别上的分布概率,即 F_k 的值表示第 i 个样本节点属于第 c 类的概率。最终,样本 x_i 的标签为 $y_i = \underset{j \leqslant c}{\arg\max} F_{ij}$。

5.2.2 算法描述

LLGC 算法的核心是让每个节点反复迭代传递标签信息到其近邻节点,直到所有的样本标签都达到稳定为止。该算法描述如下[162]:

输入:样本集 X(其个数为 n,类别数为 c),其中任选 l 个样本作为标记样本集,剩余的 $u(u=n-l)$ 个样本作为未标记样本集。

输出:u 个未标记样本的标签。

Step 1:初始化。

(1)利用所有样本(包括所有标记样本和未标记样本)建立完全连接图,按照式(5-1)计算边的权重,建立邻接矩阵 W:

$$W_{ij} = \begin{cases} \exp[-\parallel x_i - x_j \parallel^2/(2\sigma^2)], & i \neq j \\ 0, & i = j \end{cases} \quad (5\text{-}2)$$

(2)根据样本初始标记情况初始化 Y 矩阵。

(3)初始化标注概率矩阵 $F(0)$,使 $F_L(0)=Y$,其他元素均设为 0。

Step 2:建立 S 矩阵,$S = D^{-1/2}WD^{-1/2}$,其中 D 表示度矩阵,是一个对角矩阵,其对角线元素 $D(i,i) = \sum_{j=1}^{n} W_{ij}$。

Step 3:传播标签,每个样本节点按照公式(5-3)来更新其标注概率分布:

$$F(t+1) = \alpha S F(t) + (1-\alpha)Y \quad (5\text{-}3)$$

式中,$\alpha \in (0,1)$ 表示样本节点与标注样本点的相关性,如果相关性大,α 就选大点,反之,选小点。

Step 4:重复 Step 3,直到 F 收敛为止,则每个样本点 x_i 的标签 $y_i = \underset{j \leqslant c}{\arg\max} F_{ij}^*$。

从以上的算法步骤可得:前两步类似谱聚类,主要是将图上的邻接矩阵 W 标准化,服务于后面的迭代步骤;在第三步的每一次迭代过程中,如式(5-3)所示,前半部分表示节点从其近邻得到信息,后半部分表示在迭代过程中仍然要保留它的初始标记信息。Zhou 等人对算法的收敛性进行了证明,标注概率 F 收敛到一个等式:

$$F^* = (I - \alpha S)^{-1} Y \quad (5\text{-}4)$$

由式(5-4)可知,F^* 是一个定值,因此它是该迭代算法固定的唯一解,这也为我们提供了一个无须迭代直接解决问题的方法。从式中也可以看出:该迭代结果不依赖于 F 的初始值。

5.3　核化局部全局一致性学习

　　在自然界、人类社会以及海量数据中,存在着许多异常的行为或事件,这些不正常的行为或事件往往具有特殊的意义,通过它们能够获得非常重要的信息。所谓的噪声探测就是对异常行为或事件进行检测,目前,已经发展成为数据挖掘中的一个研究热点,在诸如网络入侵检测、医疗诊断、犯罪行为、保险欺诈行为、自然灾害预测等方面得到了广泛的应用。

　　如 5.2 节所述,Zhou 等人提出的局部全局一致性学习算法在标签传递过程中为每个未标记样本都添加上了标签,而没有考虑非线性数据分类,同时,存在维数灾难问题,致使错误标注加剧。基于此,本节对 LLGC 算法进行了改进,提出核化局部全局一致性学习算法(kernel learning with local and global consistency,简称 KLLGC)。

5.3.1　核函数的分类

　　通过核函数将原始数映射到高维空间,这样可以将非线性数据转换成线性数据,也很好地解决了维数灾难问题。设 $\phi:x \to F$ 是将非空集合 x 映射到一个内积空间 F 中。在核方法中我们无须知道非线性变换的表达式,仅需用核函数 $K(x_i, x_j) = \phi(x_i) \cdot \phi(x_j)$ 替代内积运算便可,而且有效地实现从低维空间 x 到高维特征空间 F 的隐式转换。令 $\phi_L = [\phi(x_1), \phi(x_2), \cdots, \phi(x_l)]$, $\phi_U = [\phi(x_{l+1}), \phi(x_{l+2}), \cdots, \phi(x_n)]$ 和 $\phi = [\phi_L, \phi_U]$。不同的核函数及其参数选择对于算法具有重要的影响。目前应用最多的核函数有:

　　(1)线性核函数

$$K(x, x_i) = x \cdot x_i \tag{5-5}$$

此情况下得到的是样本空间中的超平面。

　　(2)多项式核函数

$$K(x, x_i) = [(x \cdot x_i) + 1]^q \tag{5-6}$$

所得到的是 q 阶多项式分类器。

　　(3)高斯核函数

$$K(x, x_i) = \exp[- \| x - x_i \|^2 / (2\sigma^2)] \tag{5-7}$$

　　(4)Sigmoid 核函数

$$K(x, x_i) = \tan h[v(x \cdot x_i) + c] \tag{5-8}$$

其中,高斯核函数是人们在解决实际问题中最常用的核函数之一,其原因是它能为实际问题提供满意的结果,而这正是由高斯核函数本身的性质决定的。下面就讨论高斯核函数的可分性和局部性。

可分性:所谓核函数的可分性,是指对给定训练样本,核函数导出的特征变换能否将这些样本在特征空间中线性分开的能力。大部分情况下,我们在使用核函数之前,并不知道样本是否真的在核函数的作用下在特征空间中变得线性可分。但是,经常使用核函数的人可能会有这样一个经验:当选择高斯核函数时,只要选择合适的参数,训练样本几乎总能在特征空间中被线性分开。这是由高斯核函数本身的性质保证的[163-164]。

局部性:由以上分析可知,对于高斯核函数,当核半径 σ 的值很小时,虽然能使训练样本线性可分,但容易产生过拟合,使超平面的泛化性变得较差。原因是当 σ 的值很小时,从高斯核函数的表达式 $K(x,x_i)=\exp[-\parallel x-x_i\parallel^2/(2\sigma^2)]$ 中可以看出,它只对样本距离与 σ 相当的小领域内的样本产生影响,当样本之间距离远大于 σ 时,它的值逐渐趋于零。因此,高斯核函数的插值能力较强,比较善于提取样本的局部性质。所以我们把高斯核函数称为局部核函数[165-166]。相对而言,多项式核函数虽然插值能力相对较弱,但比较善于提取样本的全局特性。

5.3.2 核化局部全局一致性学习步骤

与 LLGC 算法相比,KLLGC 主要的不同之处是在求邻接矩阵时引用核函数来求解,从而,核化局部全局一致性学习方法的步骤如下:

输入:样本集 X(其个数为 n,类别数为 c),其中任选 l 个样本作为标记样本集,剩余的 $u(u=n-l)$ 个样本作为未标记样本集。

输出:u 个未标记样本的标签。

Step 1:初始化。

(1)利用所有样本(包括所有标记样本和未标记样本)建立完全连接图,按照式(5-1)计算边的权重,建立邻接矩阵 W:

$$W_{ij}=\begin{cases}\exp[-\parallel\phi(x_i)-\phi(x_j)\parallel^2/(2\sigma^2)], & i\neq j\\0, & i=j\end{cases}\qquad(5-9)$$

(2)根据样本初始标记情况初始化 Y 矩阵。

(3)初始化标注概率矩阵 $F(0)$,使 $F_L(0)=Y$,其他元素均设为 0。

Step 2:建立 S 矩阵,$S=D^{-1/2}WD^{-1/2}$,其中 D 表示度矩阵,是一个对角矩阵,其对角线元素 $D(i,i)=\sum_{j=1}^{n}W_{ij}$。

Step 3:传播标签,每个样本节点按照公式(5-10)来更新其标注概率分布:

$$\boldsymbol{F}(t+1) = \alpha\boldsymbol{S}\boldsymbol{F}(t) + (1-\alpha)\boldsymbol{Y} \tag{5-10}$$

其中,$\alpha\in(0,1)$ 表示样本节点与标注样本点的相关性,如果相关性大,α 就选大点,反之,选小点。$\boldsymbol{F}(t)$ 是一个非负矩阵,其中元素表示每个预测样本被各个标记标示的概率,t 表示迭代次数。

Step 4:重复 Step 3,直到 $\boldsymbol{F}$ 收敛为止,则每个样本点 x_i 的标签 $y_i = \underset{j \leqslant c}{\arg\max} F_{ij}{}^*$。

5.4　基于 KLLGC 的提升机故障分类框架

在进行提升机系统故障分类研究时,矿井提升机的故障信号主要是指通过传感器获得的提升机电机电流、提升荷载、液压站油压、提升速度等变量。本书引入了局部与全局一致性学习方法,并根据这种新算法构造出了故障分类器,将上述从矿井提升机中得到的变量作为输入信号(包含已标记数据和未标记数据),经故障分类器的分析处理,得到预测样本的标记。而各种标记与提升机运行状态正常、超载、重物下放 3 种情况一一对应,由此可以准确地对提升机发生超载或者重物下放情况进行快速的故障分类,判断提升机是否发生超载或者重物下放的情况。

设计的故障分类方法框架示意图如图 5-3 所示。

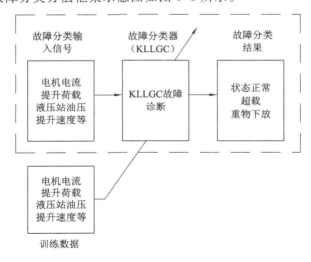

图 5-3　故障分类方法框架示意图

5.5 基于 KLLGC 的提升机故障分类仿真研究

5.5.1 输入数据描述

实验数据采用表 4-1 所示数据,共采用 600 组数据,每组数据均包括正常、超载和重物下放 3 种情况。故障分类器的输入信号共 4 种,即每组数据为四维向量。LLGC 故障分类器的输入为液压站油压(MPa)、电机电流(A)、提升荷载(t)、提升速度(m/s)共 4 个特征值构成的特征向量。正常运行状态的期望输出为 1;重物下放状态的期望输出为 2;超载状态的期望输出为 3。为了更好地比较 KLLGC 的优越性,在样本中加入一系列均值为零、方差为原始样本值 noise%(noise∈[0,100])的高斯白噪声。

5.5.2 仿真实验

首先,分析参数 α 和高斯白噪声 noise% 对 KLLGC 方法性能的影响。

(1) 固定高斯白噪声为 10%,分别比较参数 α 为 0.2、0.5 和 0.8 时,每类样本的标记个数与对应的分类正确率间的关系,如图 5-4 所示。

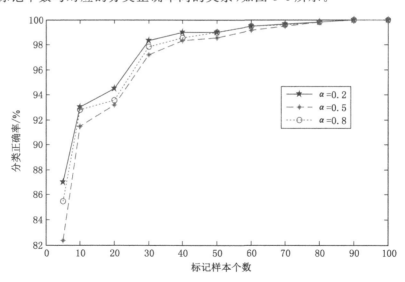

图 5-4 参数 α 对 KLLGC 方法性能的影响

（2）固定参数 α，分别比较高斯白噪声为 5％、10％和 20％时，每类样本的标记个数与对应的分类正确率间的关系，如图 5-5 所示。

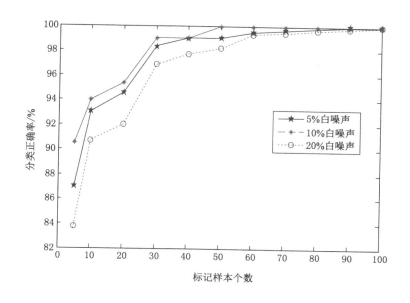

图 5-5　高斯白噪声对 KLLGC 方法性能的影响

从图 5-4 可得：当 $\alpha=0.5$ 时要比 $\alpha=0.2$ 和 0.8 时的分类正确率高，在标记样本比较少时差别比较明显。当每类标记样本个数大于 50 时，3 个参数对应的分类正确率差不多，即不再受参数 α 影响。

从图 5-5 可得：随着高斯白噪声的增加，分类正确率降低，且每类标记样本越少，分类正确率降低得越多。基本同图 5-4，当每类标记样本大于 60 时，不再受高斯白噪声的影响，主要是因为当标记样本达到一定程度时，分类正确率会趋于稳定且基本识别所有提升机的故障。

最后，为了比较 KLLGC 方法和 LLGC 方法的优越性，固定参数 $\alpha=0.5$ 和 20％的高斯白噪声，如图 5-6 所示。

从图 5-6 中可以看出，KLLGC 比 LLGC 有较好的分类正确率，每类标记样本越少提高的分类正确率越高。

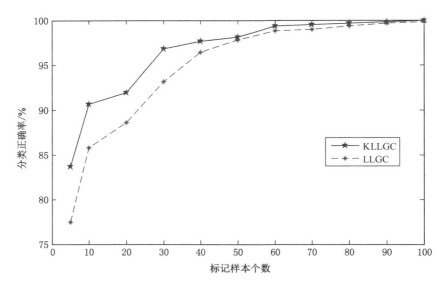

图 5-6　提升机故障诊断结果对比

第 6 章　基于信息融合技术的提升机故障诊断研究

6.1　引言

前面两章对提升机系统出现超载、重物下放以及液压站欠压故障进行理论分析与仿真,解决了提升机超载、重物下放以及液压站欠压故障状态的分类与识别问题。为了更好地解决提升机故障,保证提升机系统能够进行可靠制动,实现提升机可靠停车,就有必要对提升机制动系统的可靠性进行故障诊断,本书采用了信息融合的方法实现对制动系统的故障诊断。

信息融合是针对一个系统中使用多种(或多个)传感器这一特定问题而展开的信息处理的新研究方法,因此信息融合又称为传感器融合(sensor fusion)。由于单一传感器的诸多缺陷会导致信息获取的局限性与不确定性,而多传感器采用信息综合处理技术,协调各传感器彼此间的工作。信息融合技术就是为了更有效地处理、分析多传感器系统信息而发展起来的,而多传感器信息融合技术是源于现代军事领域对于战争多元信息融合处理的需要而产生的,早期是一门军事应用技术。目前,以物联网等网络技术为基础的多传感器网络在工业、现代农业、医疗、智能交通以及物流等领域的广泛应用,使得广大技术人员就必须对来自多传感器与信息源的数据进行处理与集成,以满足对大量信息处理的需要。多传感器融合就是通过对多个传感器资源的合理调配与融合,得到对被观测对象的可识别信息的最大化认知,达到提高网络系统信息有效性的目的。

6.2 信息融合与小波分析理论

6.2.1 信息融合理论与方法

如何实现对融合的信息进行表达,是进行多传感器信息融合的先决条件。只有将多个不同传感器的信息转换成统一的形式,存入相同的数据库中,才能提高信息融合的效果。

6.2.1.1 数据融合方法

按照信息的抽象程度,信息融合技术可以在不同的层次上进行,最常用的方法有数据层融合、特征层融合和决策层融合 3 种[63]。

（1）数据层融合

图 6-1 给出了数据层融合的结构框图,该融合方式就是对通过传感器得到的原始信息不进行加工,直接进行数据的综合和分析。优点是数据保存完整,不会出现丢失等现象。数据层融合的缺点:其处理的传感器信息量大,因而实时性差、处理时间长、纠错能力差,要求所融合数据具有同质性,数据量大,抗干扰能力差。该融合方法常用于多元图像复合等领域。

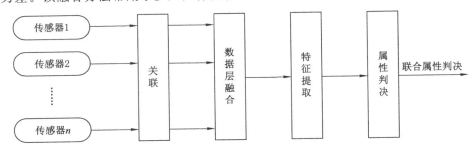

图 6-1 数据层融合

（2）特征层融合

图 6-2 给出了特征层融合的原理图,它属于信息融合的中间层次,通过对原始数据中提取的特征信息进行处理,并将它们进行分类、聚集和综合。其优点是能够尽可能多地保存原始信息,同时实现了数据的压缩,缩短了处理时间,提高了实时性,目前常用于 C^3I 系统的数据融合研究。特征层融合根据使用目的不同分为目标状态数据融合和目标特性融合 2 大类。其缺点是由于采用数据压缩技术造成数据损失,因而强调对数据进行合理的预处理。

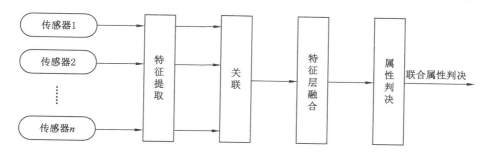

图 6-2　特征层融合

（3）决策层融合

图 6-3 给出了决策层融合的原理框图,它是信息融合的最高层次,特点是先对各传感器信息进行独立决策,并对结果进行融合处理,以达到获得最佳决策方案的目的。决策层融合由于针对决策目标,因此在融合过程中要充分利用传感器的特征信息进行合理融合,以取得最佳的决策结果。其优点为实时性好、灵活性强、系统容错能力强、抗干扰性能好、对通信依赖性小、融合成本低,同时对传感器要求低。缺点是信息转换量大。

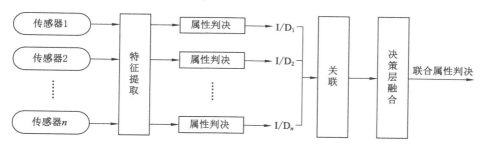

图 6-3　决策层融合

多传感器信息融合一般采用如下原则进行:要想获得高精度的结果,就要取得离传感器近的信息;要提高系统的容错能力,就要选择高层次的融合策略。多项研究结果说明,采用特征层融合时一般采用同质传感器,而对于非同质传感器一般采用决策层融合。

多传感器系统的核心问题是由多个传感器所获取的有关控制对象和环境的数据,根据任务的不同,而采取的融合算法不同。根据融合算法推理的不同,目前主要有 Dempster-Shafer 证据理论、贝叶斯估计、卡尔曼滤波和模糊推理等算法[123]。以上算法各有特点,在实际应用中应根据应用对象、结构等的不同选用不同的方法。目前,常采用加权平均、神经元网络等方法直接对数据源进行操作;采用卡尔曼滤波、贝叶斯估计、多贝叶斯估计、统计决策理论、证据理论等对对象的统计特性和概率模型进行处理;而在系统的决策层,采用基于规则推理的方法较好,如模糊逻辑、产生式规则等。

从前面数据融合的方法中可以看出,决策层信息融合具有方法灵活、实时性好等诸多优点,成为信息融合研究的热点。在信息融合的常用算法中,证据理论是研究高层信息融合的最成熟方法之一,在解决不确定性问题中具有极强的优越性,因此对于具有不确定性的矿井提升机故障来讲,使用证据理论进行故障诊断是十分必要的。

6.2.1.2 证据理论

Dempster-Shafer(D-S)证据理论是一种扩展的贝叶斯的方法,能够将信息量不足或者存在的模糊信息进行明朗化处理[167-168]。与贝叶斯方法相比,其优点是可以处理由于知识不准确和不知道引起的不确定性。由于在 D-S 理论中引入了信任函数,可以区分出两者之间的差别,因此在不知道先验概率的情况下,在进行故障诊断时,采用证据理论比概率论更具优势。

(1)证据理论基本概念[169]

① 识别框架

D-S 证据理论的基础是存在一个非空数集,以该数集为基础进行分析。

定义[126]:假定存在一个判决问题,如果该问题的所有解决方案对应集合 Θ,则我们得到的任何一个对应于该判决的问题均对应 Θ 的一个子集。Shafer 称 Θ 为识别框架。

② 基本可信数

设识别框架为 Θ,存在一个集函数 $m:2^{\Theta} \rightarrow [0,1]$($2^{\Theta}$ 为 Θ 的幂集),满足:

$$m(\Phi) = 0, \sum_{A \subset \Theta} m(A) = 1 \qquad (6-1)$$

则称 m 为框架 Θ 上的基本可信度分配;$\forall A \subset \Theta, m(A)$ 称为 A 的基本可信数,表示对 A 的精确信任度,一般是专家的一种评价。

③ 信度函数(belief function)

设 Θ 为识别框架,$m:2^{\Theta} \rightarrow [0,1]$ 为框架 Θ 上的基本可信度分配,则称由:

$$\mathrm{Bel}(A) = \sum_{B \subseteq A} m(B) \quad (\forall A \subset \Theta) \qquad (6-2)$$

所定义的函数 $\mathrm{Bel}:2^{\Theta}[0,1]$ 为 Θ 上的信度函数。

根据定义可知,$\mathrm{Bel}(\Phi)=0$,$\mathrm{Bel}(\Theta)=1$。

④ 似然函数(plausibility function)

设 Θ 为识别框架,$m:2^{\Theta} \rightarrow [0,1]$,则似然函数 PL 的定义为:

$$PL(A) = 1 - Bel(A^C) = \sum_{B \cap A \neq \phi} m(B)$$

$$\forall A \subseteq \Omega, \ A^C = \Theta - A \tag{6-3}$$

$PL(A)$ 表示不否定 A 的信任度。显然,信任函数与似然函数的关系为 $PL(A) \geqslant Bel(A)$,它们一起构成对 A 的信任区间 $[Bel(A), PL(A)]$。

（2）Dempster 法则[169]

Dempster 合成规则是一个反映证据联合作用的法则。假设信度函数 Bel_1 和 Bel_2 是在一个识别框架 Θ 上,其对应的基本可信度为 m_1, m_2;焦元分别为 A_1, $A_2, \cdots, A_k$ 和 $B_1, B_2, \cdots, B_l$,设

$$\sum_{A_i \cap B_j \neq \phi} m_1(A_i) m_2(B_j) < 1 \tag{6-4}$$

那么,由式（6-2）定义的函数 $m: 2^\Theta \rightarrow [0, 1]$ 是基本信度分配,见式（6-5）：

$$m(A) = \begin{cases} 0 & A = \phi \\ \dfrac{\sum\limits_{A_i \cap B_j = A} m_1(A_i) m_2(B_j)}{1 - \sum\limits_{A_i \cap B_j = \phi} m_1(A_i) m_2(B_j)} & A \neq \phi \end{cases} \tag{6-5}$$

用式（6-5）求 m_1, m_2 直和的方法称为 Dempster 合成法则。在式（6-5）中,设 $N = \sum\limits_{A_i \cap B_j = \phi} m_1(A_i) m_2(B_j)$,$N$ 值随着证据之间冲突程度的增加而变大。而归一化常数 $K = (1 - N)^{-1}$ 是 N 的递增函数,因此 K 也可用来表示两批证据的冲突程度。

设在一个识别框架 Θ 上一共存在 n 个信度函数 $Bel_1, Bel_2, \cdots, Bel_n$,其对应的基本可信度为 $m_1, m_2, \cdots, m_n$,如果 $Bel_1 \oplus Bel_2 \oplus \cdots \oplus Bel_n$ 存在且基本可信度分配为 m,则

$$\forall A \subset \Theta \quad A \neq \phi$$

式（6-5）可改写为：

$$m(A) = K \sum_{\substack{A_1, A_2, \cdots, A_n \subset \Theta \\ A_1 \cap A_2 \cap \cdots \cap A_n = A}} m_1(A_1) m_2(A_2) \cdots m_n(A_n) \tag{6-6}$$

其中

$$K = \left[\sum_{\substack{A_1, A_2, \cdots, A_n \subset \Theta \\ A_1 \cap A_2 \cap \cdots \cap A_n \neq \phi}} m_1(A_1) m_2(A_2) \cdots m_n(A_n) \right]^{-1} \tag{6-7}$$

因此,为了有效地降低计算的复杂度,采用递推的方法进行证据的合成。

（3）证据决策

所谓证据决策,就是利用得到的证据形成对问题处理的解决办法与决策。其主要处理过程如下:

① 分析问题,寻找识别框架。要对一个问题进行决策,首先就要对问题进行分析,寻找一个合适的解决问题的方案,识别框架 Θ 可以当作所有解决方案的集合。

② 通过对相关专家进行咨询,确定相应的专家知识并对其进行合理的数学表示。

③ 分配基本可信度,同时根据该分配结果求出信度函数。

④ 根据直和求取决策集,分析决策集,得到最终决策。

6.2.2 小波理论

由于在进行信息融合时,需要对传感器信息的特征值进行提取,在提取过程中,要用到小波理论,因此有必要对小波理论进行简单介绍。小波分析这一创新概念由法国工程师 J. Morlet 于 1984 年首先提出。

6.2.2.1 基本概念

(1)小波函数

定义:函数 $\psi(t)$ 是小波函数,如果它满足:

$$C_\psi = \int_{-\infty}^{\infty} \frac{|\hat{\psi}(w)|^2}{|w|} \mathrm{d}w < \infty, \quad \text{或者} \int_{-\infty}^{+\infty} \psi(t)\mathrm{d}t = 0$$

则常用的基本小波函数有 Morlet 小波、Marr 小波、Daubechies 小波系、Coiflet 小波系、Mexican Hat 小波等。

(2)尺度函数

定义:函数 $\varphi(t)$ 是尺度函数,如果它满足:

① $0 < A \leqslant \sum_{k \in Z} |\hat{\varphi}(\xi + 2k\pi)|^2 \leqslant B < +\infty, A 、 B$ 为正常数;

② $\hat{\varphi}(0) = 1, \hat{\varphi}^{(m)}(2k\pi) = 0, k \in Z, k \neq 0, m = 0, 1, \cdots, L-1$;

③ $\varphi(t) = \sum_{k \in Z} h(k)\varphi(2t - k)$.

尺度函数在小波函数的构造以及下节将要介绍的多分辨分析中起着关键作用。一方面,它给出了分析的起始点;另一方面,它使得快速计算小波系数成为可能。不过,对连续小波变换,一般不需要尺度函数,只有在离散小波变换时,才用到尺度函数的低通滤波器系数。

(3)小波框架

研究小波框架的目的在于对连续小波离散化时,保持相空间 (a,b) 采样密度(或冗余度)和为使其重构公式有效而对小波函数 $\psi(x)$ 所做限制之间平衡,以提供一种通用的框架。

定义：给定 $a_0 > 1, b_0 > 0, \psi \in H_+^2(R)$；若 $\{U(a_0^m, a_0^m n b_0)\psi; m, n \in Z\}$ 是 $\psi \in H_+^2(R)$ 的一个框架，则称 (ψ, a_0, b_0) 为生成 $H_+^2(R)$ 的一个仿射框架，其中 ψ 称为基本小波，a_0, b_0 称为框架参数，a_0 是伸缩参数，b_0 是平移参数。

由离散的小波构成框架的问题就是对给定 $a_0 > 1, b_0 > 0$，令

$$\psi_{m,n}(x) = a_0^{-m/2} \psi(x/a_0^m - n b_0) \quad , m, n \in Z$$

并研究由 $\{\psi_{m,n}\}_{m,n \in z}$ 构成框架的问题。对 $L^2(R)$ 空间，在框架中可能会出现多个基本小波。

6.2.2.2　多分辨分析

定义：设 $\{V_m\}_{m \in Z}$ 是 $L^2(R)$ 的一列闭子空间，称 $\{V_m\}$ 为 $L^2(R)$ 的多分辨分析，如果满足：

① 单调性：$V_m \subset V_{m-1}, m \in Z$。

② 逼近性：$\bigcap_{m \in Z} V_m = \{0\}, \overline{\bigcup_{m \in Z} V_m} = L^2(R)$。

③ 伸缩性：$f(x) \in V_m$，当且仅当 $f(2x) \in V_{m+1}, \forall m \in Z$。

④ 平移不变性：$f(x) \in V_m$，则 $f(x - 2^m n) \in V_m, m, n \in Z$。

⑤ Riesz 基存在性：存在函数 $\varphi(x) \in V_0$，使 $\{\varphi_{m,n} = 2^{-m/2} \varphi(2^{-m} x - n) \mid m, n \in Z\}$ 是 V_m 的无条件基，则称 $\varphi(x)$ 是该多分辨率分析的生成元。

多分辨分析和小波变换被著名数学家 Mallat 结合起来，在此基础上建立了离散信号系数分解与重建的 Mallat 算法：

分解算法：$cA_{j+1}^k = \sum_n \overline{h}_{k-2n} cA_j^k, \quad cD_{j+1}^k = \sum_n \overline{g}_{k-2n} cA_j^k$

重建算法：$cA_j^k = \sum_n cA_{j+1}^k h_{k-2n} + \sum_n cD_{j+1}^k g_{k-2n}$

6.2.2.3　小波包分析

（1）小波包定义

定义：设 $\psi(x), \varphi(x)$ 分别为小波函数和尺度函数，$\{h(k)\}$ 和 $\{g(k)\}$ 分别为低通和高通滤波器 QMF 的系数，$g(k) = (-1)^k h(1-k)$，令：

$$\begin{cases} W_0(x) = \varphi(x) \\ W_1(x) = \psi(x) \end{cases}$$

于是有：

$$\begin{cases} W_0(x) = \sum_n h(n) W_0(2x - n) \\ W_1(x) = \sum_n g(n) W_0(2x - n) \end{cases} \tag{6-8}$$

若固定尺度时，由递归函数

$$\begin{cases} W_{2l}(x) = \sqrt{2}\sum_n h(n)W_l(2x-n) \\ W_{2l+1}(x) = \sqrt{2}\sum_n g(n)W_l(2x-n) \end{cases}$$

定义的函数$\{W_n(x)\}_{n\in Z}$称为关于$W_0 = \varphi(x)$的小波包。

（2）小波包的性质

设函数族$\{W_n\}$是由多分辨分析的尺度函数生成的小波包,有下列性质:

① $\forall n \in Z, <W_n(x-j), W_n(x)> = \delta, j \in Z$;

② $<W_{2^n}(x-j), W_{2^{n+1}}(x)> = 0, j, n \in Z$;

③ 函数族$\{W_n(x-k), n, k \in Z\}$构成$L^2(R)$的一组正交基:

$$\begin{cases} V_j = \overline{\text{span}\{2^{j/2}\varphi(2^j x - k), k \in Z\}} \\ W_j = \overline{\text{span}\{2^{j/2}\psi(2^j x - k), k \in Z\}} \end{cases}$$

且

$$V_j \perp W_j, V_{j+1} = V_j \oplus W_j$$

（3）小波包的分解与重构

设$A_n^{2^j}f(x)$是函数$f(x)$在分辨率为2^j的小波包W_n的近似表示,即:

$$A_n^{2^j}f(x) = \sum_k S_{n,k}^j \cdot W_n(2^j x - k)$$

其中

$$S_{n,k}^j = 2^{\frac{j}{2}}\int_{-\infty}^{+\infty} f(x)W_n(2^j x - k)\mathrm{d}x$$

则由式(6-8)可得分解公式如下:

$$\begin{cases} S_{2n,l}^{j-1} = \sum_m h(m-2l)S_{n,m}^j \\ S_{2n+1,l}^{j-1} = \sum_m g(m-2l)S_{n,m}^j \end{cases} \tag{6-9}$$

重构公式如下:

$$S_{n,k}^j = \sum_l p_{k-2l}S_{2n,l}^{j-1} + \sum_l q_{k-2l}S_{2n+1,l}^{j-1} \tag{6-10}$$

其中$(\{p_k\}, \{q_k\})$是与$(\{h(k)\}, \{g(k)\})$对应的 QMF 滤波器。

（4）小波变换的信号分析

对信号按高低频率的不同进行多层分解,形成小波分解树。

6.3 提升机制动系统故障诊断

液压制动系统是矿井提升机的重要组成部分,是提升机安全保护的最后屏障。要提高液压制动系统的可靠性,除了采用新型高可靠性的液压制动装置外,还要对液压制动系统进行工况实时监测与故障诊断。多个矿井的运行结果表明,制动油缸活塞卡缸故障是制动系统中十分常见的故障[170]。本节采用小波理论与证据理论,基于信息融合的观点,针对提升机制动系统卡缸故障进行试验研究,介绍试验过程与方法。

6.3.1　试验过程与试验仪器

6.3.1.1　试验过程

由于小波包可以对信号进行精确的细分,提取出所需要的特征向量,以便应用到提升机制动系统的故障诊断中。在对制动系统进行故障诊断时,由于系统结构的变化,故障时其输出信号在不同的频段具有不同的特点,图 6-4 给出了提升机液压制动系统故障时的闸瓦间隙-时间特性。

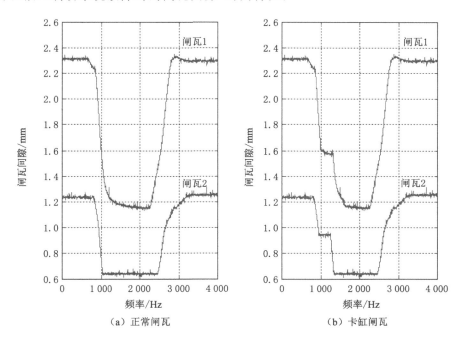

（a）正常闸瓦　　　　　　　　　　（b）卡缸闸瓦

图 6-4　闸瓦间隙-频率特性曲线

从图 6-4 中可以看出,当提升机液压制动系统发生卡缸故障时,其输出信号的幅频特性发生了明显的变化。与正常情况相比较,其在相同频带里信号能量发生了显著的变化,提升机制动系统发生卡缸故障时,包含了丰富的故障信息。利用这一特性,结合小波分析理论、证据理论和信息融合理论,通过对提升机闸瓦监测系统中得到的闸瓦间隙与频率特性曲线进行小波分解并提取特征信号,利用制动系统正常的和发生异常情况下的特征向量值训练模糊神经网络;将训练后得到的模糊神经结果送入决策融合算法模块,将模糊训练的识别结果作为证据理论中彼此相互独立的证据,通过信息融合,给出最后的结论,如图 6-5 所示。

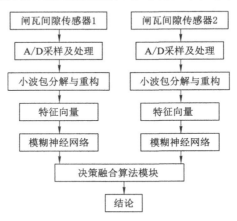

图 6-5　制动系统(卡缸)故障诊断过程

6.3.1.2　试验仪器

本试验所需硬件包括传感器、PLC 和计算机 3 部分。闸瓦间隙的测量是通过两个电涡流位移传感器来实现的。通常将两个电涡流位移传感器固定在基座上,分别测定闸瓦 1、2 的间隙。PLC 控制模块选用西门子 S7-300,CPU 模块为 CPU-315,将其作为下位机用来对提升机进行监控,其中数据采集部分采用西门子隔离型 A/D 数据采集模块 SM331。A/D 模块的作用是将模拟量转换为数字量,以便于计算机处理;另外还可以根据需要完成开关量的输出控制。系统主机采用研华工业控制计算机。PLC 系统通过传感器得到的数据利用网络传入工控机中,同时利用人工智能方法对该数据进行处理,并给出判断结果。试验仪器及装置如图 6-6 所示。

从图 6-6 可以看出,闸瓦间隙监测设备安装在提升机闸盘上,通过采集器将监测到的闸瓦间隙信号传送到 PLC 系统中,PLC 将得到的数据进行处理后传送到上位机中,用于提升机制动系统故障诊断。

6.3.2　提取特征向量

6.3.2.1　基于小波理论对信号进行小波包分解

利用 PLC 的 A/D 模块得到了通过电涡流传感器采集到的提升机闸瓦间隙

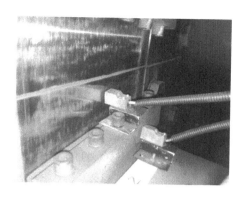

图 6-6　试验仪器及装置

与频率之间的信号,然后采取小波包分解,得到图 6-7 所示的分解树,将最底层的信号按照频段的不同作为其特征信号。

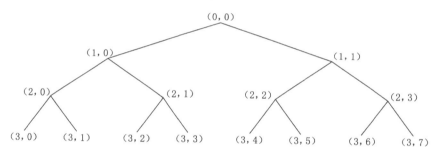

图 6-7　小波包分解树结构

图 6-7 中,以(m,n)表示第 m 层的 n 节点,由于采用了 3 层分解,m 的取值范围为 0～3,n 的取值范围为 0～7,每个节点代表一定的信号特征。

6.3.2.2　小波分解系数的重构

从图 6-7 的小波分解树中,可以得出重构后的总信号 W 的数学表示方法为:

$$W = W_{30} + W_{31} + W_{32} + W_{33} + W_{34} + W_{35} + W_{36} + W_{37}$$

为了便于计算,将信号 W 的频率成分定义在区间$[0,1]$上,最低频率用 0 表示,最高频率用 1 表示。W_{3n} 各个频率所代表的频率范围大小为 0.125,其分法为从 0～1 依次分开。

6.3.2.3　各频带能量计算

假定 W_{3n} 对应的能量为 E_{3n},则有:

$$E_{3n} = \int |W_{3n}|^2 \mathrm{d}t = \sum_{k=1}^{n} |y_{nk}|^2$$

其中,每个重构信号的离散点幅值 W_{3n} 用 $y_{nk}(n=0,1,\cdots,7,k=1,2,\cdots,n)$ 表示。

6.3.2.4 构建特征向量

构造如下特征向量: $\boldsymbol{T}=[E_{30},E_{31},E_{32},E_{33},E_{34},E_{35},E_{36},E_{37}]$,如果能量较大, $E_{3n}(n=0,1,\cdots,7)$ 数值较大,这时就对该特征向量进行归一化处理以减小计算量,构造归一化向量 $\boldsymbol{T'}=[E_{30}/E,E_{31}/E,E_{32}/E,E_{33}/E,E_{34}/E,E_{35}/E,E_{36}/E,E_{37}/E]$,此时通过选取的正常信号与故障信号经过上述计算就能得到特征向量。

6.3.3 神经网络训练

6.3.3.1 构造模糊神经网络

该网络采用 3 层模糊 BP 网络。首先对提取的特征值进行模糊化,由于前面所提取的特征向量为 8 维向量,每个特征向量经模糊化后变为大小 2 个值,因此,在进行网络构造时,采用 8 输入的网络,每个输入值包含 2 个量化输入值。同时由于该模糊网络只需要对液压制动系统是否发生卡缸进行判断,故其输出只要使用 1 个神经元即可,隐含层神经元选取 9 个。

6.3.3.2 神经网络的训练过程

将 6.3.2 节中构造好的闸瓦间隙 1 的特征向量,输入构造好的模糊神经网络,通过采用有导师的训练方法进行相应的训练,当达到网络稳定状态时,得到相应的权值矩阵 W_1、W_2。同理对闸瓦间隙 2 也进行同样的训练。

6.3.4 证据合成

文献[171-172]对 BP 网络进行了研究,认为经训练后的 BP 网络输出可以看作是一个后验概率的 Bayes 估计器。因此,可以将进行过模糊 BP 神经网络训练的结果作为进行 Bayes 专家对某一类故障的可能性进行评价与判断,以解决证据合成中 BPA 函数分配问题。针对闸瓦间隙的测试值提取出来的特征向量,分别利用 6.3.3 节中得到的权值矩阵得出判断结果 m_1,m_2,运用 D-S 定理进行合成与判断,通过与事先规定的阈值进行比较,从而得出液压系统是否发生卡缸故障。

6.3.5 试验数据处理

6.3.5.1 特征向量的提取

通过将采样得到的正常或发生卡缸故障时的闸瓦间隙与频率特性曲线进行小波包分解,得到特征信号;通过对闸瓦 1 原始信号 W 进行重构,得到如图 6-8、图 6-9 所示的曲线,再计算各频带能量,如表 6-1~表 6-4 所示。

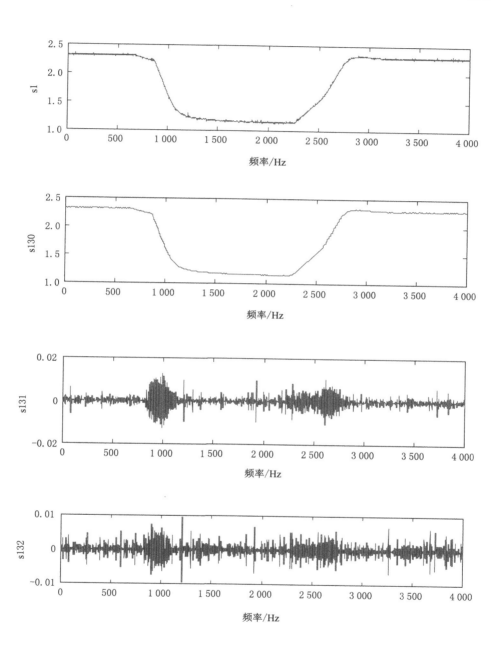

图 6-8　闸瓦 1 正常信号的小波包分解重构

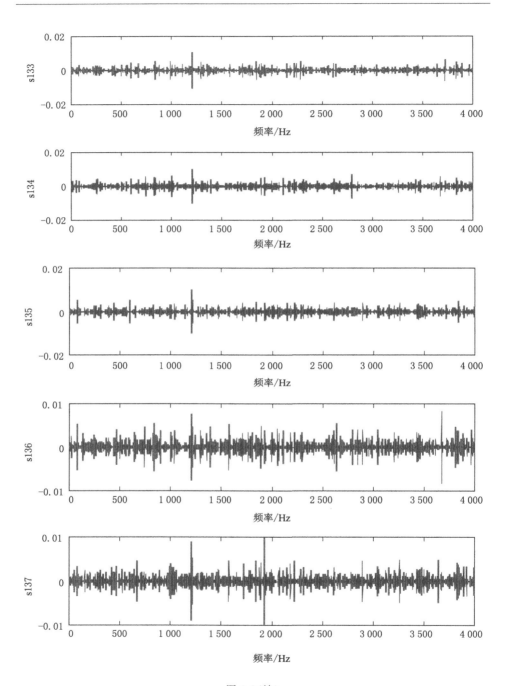

图 6-8(续)

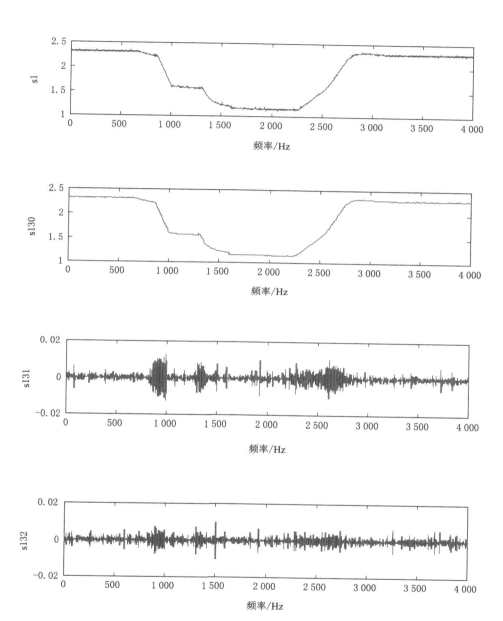

图 6-9　闸瓦 1 卡缸情况下的小波包分解重构

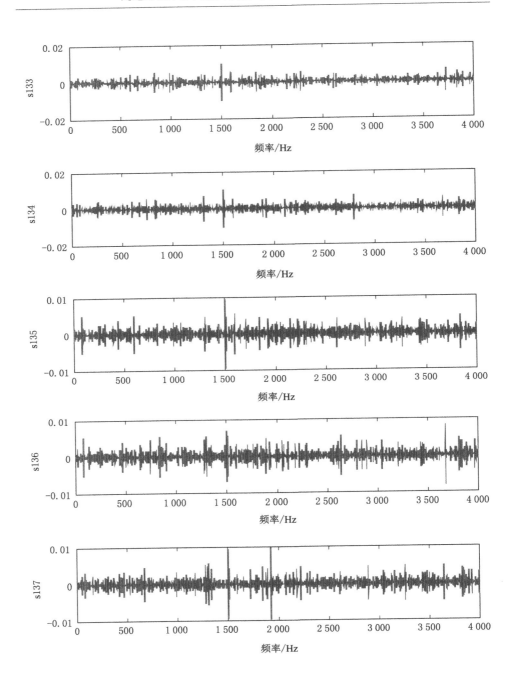

图 6-9(续)

表 6-1　正常情况下闸瓦 1 各频带总能量

频带	E30	E31	E32	E33	E34	E35	E36	E37
1	102.312 8	0.300 9	0.367 3	0.329 6	0.334 6	0.328 5	0.325 9	0.329 6
2	102.467 2	0.296 5	0.230 2	0.278 0	0.281 9	0.286 3	0.291 0	0.278 5

表 6-2　正常情况下闸瓦 2 各频带总能量

频带	E30	E31	E32	E33	E34	E35	E36	E37
1	55.342 6	0.193 83	0.244 9	0.235 1	0.222 9	0.228 6	0.223 9	0.216 7
2	53.123 9	0.183 67	0.141 8	0.122 1	0.112 6	0.109 6	0.109 7	0.104 7

表 6-3　卡缸情况下闸瓦 1 各频带总能量

频带	E30	E31	E32	E33	E34	E35	E36	E37
1	125.218 3	0.202 3	0.245 3	0.216 1	0.226 2	0.215 0	0.215 2	0.216 3
2	121.517 8	0.303 9	0.267 8	0.125 4	0.125 0	0.125 5	0.118 5	0.121 5
3	143.301 9	0.346 1	0.187 1	0.171 7	0.165 0	0.166 5	0.169 0	0.163 1
4	155.535 9	0.143 0	0.106 1	0.096 8	0.097 8	0.099 0	0.097 2	0.098 6
5	152.831 6	0.134 9	0.114 5	0.108 1	0.107 9	0.106 1	0.108 7	0.109 1
6	158.260 6	0.144 6	0.105 9	0.096 0	0.102 9	0.093 2	0.098 0	0.098 6

表 6-4　卡缸情况下闸瓦 2 各频带总能量

频带	E30	E31	E32	E33	E34	E35	E36	E37
1	86.688 9	0.140 6	0.114 9	0.104 1	0.110 9	0.109 2	0.108 8	0.106 3
2	89.315 2	0.180 7	0.144 7	0.133 8	0.123 9	0.118 3	0.114 1	0.112 1
3	95.583 7	0.157 6	0.140 1	0.135 2	0.128 3	0.115 0	0.112 4	0.112 5
4	87.864 3	0.186 9	0.140 7	0.120 9	0.112 0	0.123 9	0.118 6	0.121 7
5	85.890 8	0.170 7	0.128 2	0.100 0	0.104 5	0.091 0	0.100 2	0.098 5
6	89.653 7	0.192 1	0.130 1	0.105 3	0.109 4	0.124 0	0.126 8	0.119 4

　　正常情况时选用两组数据的目的是将一组作为训练样本,另一组作为测试样本;而在制动系统发生卡缸故障时,选用 6 组数据,其中前 5 组作为模糊神经网络的训练样本,第 6 组作为测试样本。将上述表格进行归一化处理,并根据隶属函数进行模糊化处理,得到闸瓦 1、2 在发生卡缸故障时的特征向量。如表 6-5～表 6-7 所示。

表 6-5 正常状况闸瓦 1、2 特征向量

模糊子集	正常状况闸瓦 2 特征向量		模糊子集	正常状况闸瓦 1 特征向量		隶属函数
	1	2		1	2	
E30 大	0.989 650	0.989 724	E30 大	0.989 536	0.989 769	$100x^2/(1+100x^2)$
E30 小	0.010 350	0.010 276	E30 小	0.010 464	0.010 231	$1/(1+100x^2)$
E31 大	0.000 828	0.000 810	E31 大	0.001 159	0.001 156	$100x^2/(1+100x^2)$
E31 小	0.999 172	0.999 190	E31 小	0.998 841	0.998 844	$1/(1+100x^2)$
E32 大	0.001 236	0.000 488	E32 大	0.001 859	0.000 694	$100x/(1+100x^2)$
E32 小	0.998 764	0.999 512	E32 小	0.998 141	0.999 306	$1/(1+100x^2)$
E33 大	0.000 996	0.000 705	E33 大	0.001 712	0.000 515	$100x^2/(1+100x^2)$
E33 小	0.999 004	0.999 295	E33 小	0.998 288	0.999 485	$1/(1+100x^2)$
E34 大	0.001 023	0.000 727	E34 大	0.001 536	0.000 437	$100x^2/(1+100x^2)$
E34 小	0.998 977	0.999 273	E34 小	0.998 464	0.999 563	$1/(1+100x^2)$
E35 大	0.000 986	0.000 750	E35 大	0.001 612	0.000 413	$100x^2/(1+100x^2)$
E35 小	0.999 014	0.999 250	E35 小	0.998 388	0.999 587	$1/(1+100x^2)$
E36 大	0.000 970	0.000 774	E36 大	0.001 547	0.000 413	$100x^2/(1+100x^2)$
E36 小	0.999 030	0.999 226	E36 小	0.998 453	0.999 587	$1/(1+100x^2)$
E37 大	0.000 992	0.000 709	E37 大	0.001 449	0.000 376	$100x^2/(1+100x^2)$
E37 小	0.999 008	0.999 291	E37 小	0.998 551	0.999 624	$1/(1+100x^2)$
输出样本值	0.01	0.01		0.01	0.01	

注：输入样本值

表 6-6 闸瓦 1 卡缸故障时特征向量

模糊子集	1	2	3	4	5	6	隶属函数
E30 大	0.989 856	0.989 906	0.989 911	0.990 005	0.989 997	0.990 007	$100x^2/(1+100x^2)$
E30 小	0.010 144	0.010 094	0.010 089	0.009 995	0.010 003	0.009 993	$1/(1+100x^2)$
E31 大	0.000 257	0.000 614	0.000 575	8.43E-05	7.76E-05	8.33E-05	$100x^2/(1+100x^2)$
E31 小	0.999 743	0.999 386	0.999 425	0.999 916	0.999 922	0.999 917	$1/(1+100x^2)$
E32 大	0.000 377	0.000 479	0.000 168	4.66E-05	5.56E-05	4.49E-05	$100x^2/(1+100x^2)$
E32 小	0.999 623	0.999 521	0.999 832	0.999 953	0.999 944	0.999 955	$1/(1+100x^2)$
E33 大	0.000 292	0.000 105	0.000 141	3.87E-05	5E-05	3.68E-05	$100x^2/(1+100x^2)$
E33 小	0.999 708	0.999 895	0.999 859	0.999 961	0.999 950	0.999 963	$1/(1+100x^2)$
E34 大	0.000 320	0.000 104	0.000 131	3.94E-05	4.96E-05	4.22E-05	$100x^2/(1+100x^2)$
E34 小	0.999 680	0.999 896	0.999 869	0.999 961	0.999 950	0.999 958	$1/(1+100x^2)$
E35 大	0.000 289	0.000 105	0.000 133	4.04E-05	4.79E-05	3.46E-05	$100x^2/(1+100x^2)$
E35 小	0.999 711	0.999 895	0.999 867	0.999 96	0.999 952	0.999 965	$1/(1+100x^2)$
E36 大	0.000 289	9.34E-05	0.000 137	3.88E-05	5.02E-05	3.81E-05	$100x^2/(1+100x^2)$
E36 小	0.999 711	0.999 907	0.999 863	0.999 961	0.999 950	0.999 962	$1/(1+100x^2)$
E37 大	0.000 292	9.82E-05	0.000 127	3.99E-05	5.05E-05	3.85E-05	$100x^2/(1+100x^2)$
E37 小	0.999 708	0.999 902	0.999 873	0.999 960	0.999 949	0.999 961	$1/(1+100x^2)$
输出样本值	0.99	0.99	0.99	0.99	0.99		

注：输入向量

表 6-7　闸瓦 2 卡缸故障时特征向量

模糊子集		1	2	3	4	5	6	隶属函数
输入向量	E30 大	0.989 918	0.989 894	0.989 913	0.989 891	0.989 917	0.989 899	$100x^2/(1+100x^2)$
	E30 小	0.010 082	0.010 106	0.010 087	0.010 109	0.010 083	0.010 101	$1/(1+100x^2)$
	E31 大	0.000 260	0.000 403	0.000 269	0.000 446	0.000 390	0.000 452	$100x^2/(1+100x^2)$
	E31 小	0.999 740	0.999 597	0.999 731	0.999 554	0.999 610	0.999 548	$1/(1+100x^2)$
	E32 大	0.000 175	0.000 259	0.000 212	0.000 253	0.000 220	0.000 208	$100x^2/(1+100x^2)$
	E32 小	0.999 825	0.999 741	0.999 788	0.999 747	0.999 780	0.999 792	$1/(1+100x^2)$
	E33 大	0.000 143	0.000 221	0.000 197	0.000 187	0.000 134	0.000 136	$100x^2/(1+100x^2)$
	E33 小	0.999 857	0.999 779	0.999 803	0.999 813	0.999 866	0.999 864	$1/(1+100x^2)$
	E34 大	0.000 162	0.000 189	0.000 178	0.000 160	0.000 146	0.000 147	$100x^2/(1+100x^2)$
	E34 小	0.999 838	0.999 811	0.999 822	0.999 840	0.999 854	0.999 853	$1/(1+100x^2)$
	E35 大	0.000 157	0.000 173	0.000 143	0.000 196	0.000 111	0.000 188	$100x^2/(1+100x^2)$
	E35 小	0.999 843	0.999 827	0.999 857	0.999 804	0.999 889	0.999 812	$1/(1+100x^2)$
	E36 大	0.000 155	0.000 160	0.000 136	0.000 179	0.000 135	0.000 197	$100x^2/(1+100x^2)$
	E36 小	0.999 845	0.999 840	0.999 864	0.999 821	0.999 865	0.999 803	$1/(1+100x^2)$
	E37 大	0.000 148	0.000 155	0.000 136	0.000 188	0.000 129	0.000 174	$100x^2/(1+100x^2)$
	E37 小	0.999 852	0.999 845	0.999 864	0.999 812	0.999 871	0.999 826	$1/(1+100x^2)$
输出样本值		0.99	0.99	0.99	0.99	0.99		

6.3.5.2　模糊神经网络训练

对闸瓦 1、2 分别取正常情况下 1 组样本作为训练样本,卡缸故障情况下 5 组样本作为训练样本,进行模糊 BP 神经网络训练,该训练的目标向量为[0.01 0.99 0.99 0.99 0.99 0.99]。在进行 BP 神经网络训练时,选择的神经网络参数为:训练最大步数为 250;目标误差为 0.02;训练的学习速率为 0.02,显示频率为 10。通过将闸瓦 1、2 的特征向量送入该模糊 BP 神经网络,进行有导师训练,得到结果即误差曲线,如图 6-10 和图 6-11 所示。当该网络达到稳定状态时,可以得到相应的权值矩阵。

通过对闸瓦 1 进行训练,得到权值矩阵为:

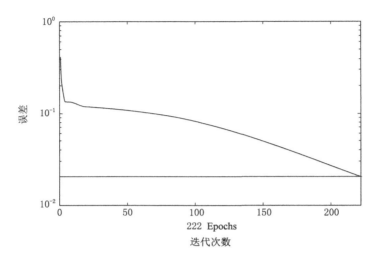

图 6-10　闸瓦 1 神经网络训练过程

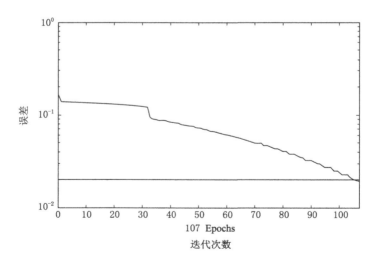

图 6-11　闸瓦 2 神经网络训练过程

$W_1 =$

$$\begin{bmatrix}
-1.245\ 3 & -0.757\ 5 & 0.224\ 6 & 0.497\ 5 & -0.463\ 7 & -1.422\ 3 \\
-0.434\ 2 & 0.679\ 9 & -1.540\ 9 & 0.862\ 5 & -1.406\ 5 & 0.539\ 4 \\
1.357\ 7 & -0.014\ 9 & 2.366\ 3 & -0.172\ 4 & 4.078\ 1 & -2.222\ 2 \\
-0.508\ 8 & -0.205\ 4 & 0.890\ 5 & -0.347\ 7 & 0.480\ 8 & 0.821\ 4 \\
-2.533\ 8 & -2.105\ 5 & -2.637\ 3 & 0.026\ 3 & -3.259\ 4 & -0.058\ 4 \\
1.285\ 2 & -0.661\ 9 & 0.167\ 9 & -0.825\ 2 & 0.278\ 3 & 0.167\ 5 \\
0.634\ 0 & -0.985\ 5 & 1.210\ 5 & 1.271\ 8 & -0.564\ 6 & 1.091\ 0 \\
0.881\ 0 & -0.313\ 3 & 0.415\ 5 & 1.111\ 4 & 2.961\ 0 & -1.063\ 0 \\
0.624\ 5 & 1.142\ 4 & -0.063\ 0 & -1.482\ 4 & 0.301\ 8 & -1.140\ 5 \\
0.918\ 6 & 0.755\ 8 & 1.486\ 8 & 0.023\ 9 & -0.105\ 1 & 1.235\ 7 \\
0.558\ 0 & -0.930\ 0 & -0.791\ 3 & -0.576\ 3 & 0.130\ 2 & 0.677\ 6 \\
3.412\ 1 & -0.703\ 4 & 3.378\ 2 & 0.292\ 3 & 4.432\ 0 & -1.474\ 3 \\
1.256\ 3 & 0.722\ 2 & 1.114\ 2 & 0.776\ 9 & 0.200\ 8 & 0.952\ 7 \\
-4.636\ 9 & 0.262\ 9 & -4.432\ 0 & 0.296\ 6 & -4.399\ 0 & 1.747\ 3 \\
-1.299\ 7 & 0.661\ 9 & -0.859\ 3 & -0.582\ 3 & -0.791\ 9 & 0.992\ 2 \\
1.067\ 6 & -0.388\ 3 & -1.204\ 2 & -0.918\ 8 & 0.575\ 3 & 0.372\ 9 \\
1.115\ 9 & -0.624\ 0 & 3.437\ 4 & 0.403\ 0 & 3.642\ 9 & -1.207\ 8 \\
1.473\ 6 & -0.440\ 3 & 0.749\ 5 & 0.995\ 8 & 0.869\ 3 & 0.828\ 2
\end{bmatrix}$$

$$\begin{bmatrix}
-0.561\ 6 & 0.709\ 3 & 0.131\ 6 \\
-0.571\ 9 & -1.596\ 0 & -1.057\ 9 \\
0.120\ 2 & 5.075\ 0 & -2.053\ 8 \\
-1.141\ 9 & 1.249\ 6 & -0.208\ 9 \\
0.141\ 4 & -2.757\ 5 & 0.673\ 5 \\
0.345\ 3 & -0.142\ 3 & 1.294\ 1 \\
0.722\ 4 & -0.006\ 9 & -0.010\ 2 \\
-0.511\ 7 & 1.024\ 6 & 0.025\ 5 \\
0.367\ 8 & -0.571\ 7 & -0.227\ 7
\end{bmatrix}$$

$W_2 = [\,-0.669\ 0 \quad 1.514\ 5 \quad -11.418\ 6 \quad -0.174\ 2 \quad 9.958\ 8 \quad -0.537\ 3$
$\qquad -0.255\ 2 \quad -6.207\ 0 \quad -1.353\ 9\,]$

通过对闸瓦 2 进行训练,得到权值矩阵为:

$W_1 =$

$$
\begin{bmatrix}
0.719\,1 & -0.762\,1 & 1.065\,1 & -1.207\,8 & 0.062\,2 & -0.071\,8 \\
0.520\,3 & 1.030\,0 & -0.399\,1 & 0.922\,9 & -1.099\,7 & 0.061\,8 \\
-0.207\,1 & 0.047\,4 & 0.623\,4 & 0.904\,7 & -1.413\,2 & -1.142\,5 \\
-1.132\,3 & -0.003\,6 & -3.226\,8 & 0.295\,1 & -4.226\,7 & 2.175\,8 \\
1.654\,0 & 0.132\,4 & 0.349\,2 & 1.259\,5 & 1.374\,8 & 0.875\,3 \\
-2.262\,3 & 0.488\,2 & -1.440\,1 & -0.022\,2 & -2.986\,1 & 1.273\,7 \\
1.196\,1 & -1.151\,3 & -0.202\,7 & -0.769\,0 & 1.030\,2 & -1.197\,6 \\
1.010\,2 & 0.077\,5 & 0.008\,3 & -0.916\,1 & -0.080\,0 & 0.975\,7 \\
0.356\,1 & -0.707\,6 & 0.398\,1 & 0.438\,2 & -0.580\,2 & 0.382\,2 \\
0.566\,4 & -1.082\,5 & -0.992\,1 & 0.354\,9 & -0.629\,9 & -0.112\,0 \\
-1.016\,9 & 0.805\,2 & 0.051\,7 & -0.873\,4 & -0.157\,4 & -1.503\,9 \\
-0.255\,1 & 0.954\,2 & -0.309\,4 & 0.326\,8 & -0.734\,5 & 0.591\,0 \\
-3.658\,7 & 0.641\,7 & -3.007\,1 & 0.505\,2 & -3.427\,5 & 1.436\,5 \\
0.467\,8 & -0.134\,2 & 1.771\,4 & -0.480\,3 & 1.502\,4 & -1.175\,7 \\
-1.898\,6 & 1.998\,0 & -3.532\,3 & 0.662\,3 & -2.038\,1 & 0.108\,4 \\
0.846\,6 & 0.424\,7 & -0.542\,2 & 1.222\,9 & -0.566\,7 & 0.604\,0 \\
-0.512\,0 & -0.825\,8 & 0.020\,4 & -0.567\,4 & -1.562\,1 & 0.844\,7 \\
1.556\,5 & -0.494\,1 & -1.104\,6 & -0.326\,7 & -0.191\,2 & 1.662\,7 \\
-0.123\,8 & 0.197\,9 & 1.329\,5 & 1.302\,1 \\
1.168\,1 & -0.293\,6 & 0.229\,7 & 0.395\,0 \\
-0.165\,3 & -0.163\,1 & -1.671\,7 & -0.912\,0 \\
-1.887\,0 & -0.880\,8 & -2.400\,4 & 0.160\,6 \\
2.518\,8 & -0.576\,3 & 2.378\,0 & -1.376\,3 \\
-3.335\,7 & 0.262\,9 & -1.109\,7 & 1.617\,0 \\
-0.331\,3 & -0.477\,9 & -0.785\,4 & -0.339\,8 \\
-0.261\,3 & 1.044\,4 & 0.337\,2 & -1.505\,7 \\
0.744\,4 & 0.891\,0 & 0.076\,8 & 0.877\,1
\end{bmatrix}
$$

$W_2 = [0.518\,2 \quad -0.154\,8 \quad -0.229\,0 \quad 9.017\,0 \quad -4.200\,0 \quad 7.664\,4$
$0.625\,4 \quad 1.265\,7 \quad -0.346\,1]$

6.3.5.3 基于 D-S 证据理论的数据融合与故障判断

进行证据合成的测试样本可以从表 6-5 到表 6-7 得到。如闸瓦 1 发生卡缸故障的测试样本为 $[0.990\,007 \quad 0.009\,993 \quad 8.33E-05 \quad 0.999\,917 \quad 4.49E-05$
$0.999\,955 \quad 3.68E-05 \quad 0.999\,963 \quad 4.22E-05 \quad 0.999\,958 \quad 3.46E-05$

0.999 965　3.81E—05　0.999 962　3.85E—05　0.999 961]，该样本来自表 6-6 中模糊子集 6，该测试样本是经过模糊 BP 神经网络训练得到的，同理可以得到闸瓦 1 正常、闸瓦 2 卡缸与正常时的测试样本。通过将闸瓦 1、2 的正常测试样本经过各自权值矩阵的训练，得到 D-S 证据理论计算时需要的基本可信度 m_1 和 m_2。然后定义一个识别框架 Θ，卡缸故障为命题 A，且其为该识别框架 Θ 的一个子集。定义电涡流位移传感器对命题 A 的基本可信度分配为 $m(A)$。利用式(6-6)可以得到如下结果：

$$m_1(A) = m_1 = 0.123\ 2, \quad m_1(\Theta) = 0.876\ 8$$
$$m_2(A) = m_2 = 0.160\ 2, \quad m_2(\Theta) = 0.839\ 8$$

利用 D-S 证据合成理论，可求得 $m(A) = 0.281\ 5$。从该结果可以看出，虽然经过 D-S 信息融合理论进行信息合成，对判断制动系统卡缸故障的支持起到加强作用，但加强作用效果不是十分显著。如果将决策门限值改为 $\lambda = 0.96$，则经过训练后的测试样本与实际相符，是闸瓦正常情况。

闸瓦 1、2 卡缸故障时的测试样本通过表 6-6、表 6-7 得到，并进行相应的训练，可以求得 m_1 和 m_2。

$$m_1 = 0.890\ 2, \quad m_2 = 0.916\ 8$$
$$m_1(A) = m_1 = 0.890\ 2, \quad m_1(\Theta) = 0.109\ 8$$
$$m_2(A) = m_2 = 0.916\ 8, \quad m_2(\Theta) = 0.083\ 2$$

利用 D-S 证据理论进行计算，$m(A) = 0.992\ 5$。此时取判别决策值 $\lambda = 0.96$，在该值下，第二批数据无法准确判断是否发生了卡缸故障，但在采用证据联合作用下，其结果与实际结果完全相符。由此试验结果可以看出，采用信息融合理论，能够提高提升机故障诊断的判决精度。从上面的试验过程可以看出：

（1）基于证据理论的信息融合理论，在对矿井提升机系统进行故障诊断时，具有非常强的决策融合能力，当各证据的支持倾向趋于一致时，它可以较好地综合相互支持和相互补充的信息，能够提高故障诊断的准确性。

（2）基于 D-S 证据理论信息融合的故障诊断成功的关键是正确区分相互支持补充的信息和相互矛盾的信息，并确定合理的概率分配函数。

（3）采用多传感器信息融合理论，在提高故障诊断水平的同时甚至能够纠正部分错误的初始判决。

（4）最后，通过试验数据的处理过程可以看出，如果信息之间相互冲突，这时如果不对原始信息进行处理，就应用证据理论是不合适的。

第7章 网络环境下提升机智能故障诊断系统实现

矿井提升机作为煤矿生产中的关键设备,其主要任务是根据煤矿的生产计划和矿井环境将井下煤炭运输到地面,同时进行井下作业人员的升降,辅助生产资料的运输以及煤矸石的提升等工作,以满足煤矿安全生产的需要。矿井提升机系统的安全与可靠运行对矿井的生产有着重要的影响。

目前矿井提升机基本上通过检测系统中的电压、电流、速度等参数以及系统的运行情况对提升机系统进行实时监测,而一旦系统出现故障,基本上由现场维护人员以及生产厂家的技术人员根据自身经验进行判断,无法实现在线诊断功能。由于提升机系统故障具有随机性、发展性以及不确定性的特点,技术人员很难及时发现故障征兆,使采用人工参与的离线式故障诊断具有一定的局限性和主观性,易导致提升机系统无法正常运转,严重影响设备运行。为此,将故障诊断技术与网络技术相结合建立网络环境下矿井提升机智能故障诊断系统,其目的是用本地计算机通过网络系统,实现对矿井提升机运行过程的监视、控制与故障诊断,以提高矿井提升机的故障诊断能力,从而保障提升机系统的正常运转。本章以永煤集团陈四楼矿提升机智能故障诊断系统设计为背景,从系统设计及运行方面进行详细的阐述。

7.1 项目应用背景

本课题的研究对象为永煤集团陈四楼矿主井提升机,如图 7-1 所示。其提升机系统主要由机械部分、液压部分、信号系统和控制系统组成。其中控制系统包括高低压配电系统、调节系统、主控系统、交-直-交变频驱动系统、变压器和操作台等部分。

随着科技水平的逐步提高,矿井提升机可靠性要求增加了系统复杂程度,控制方法日趋多样化,同时应用了大量的光、机、电、液等集成部件,使得矿井提升机系统的维护难度增加,这就要求设备维护人员的知识水平和技能要逐渐提高,

图 7-1　陈四楼矿主井提升机装置

从而提高系统的维护水平和安全保障水平。文献[76]指出了基于物联网的矿井提升机远程故障诊断系统的基本结构、功能等,通过对提升机系统信号的采集与处理、网络发布以及远程诊断,实现提升机系统运行信息在上位机系统中的实时显示;同时提升机系统信息与数据通过网络传送到远程诊断中心,经过专家系统与人员的分析与诊断后,将得到的诊断结果返回现场。

在网络环境下矿井提升机智能故障诊断系统中,其系统网络结构如图 2-4 所示。采用网络环境下矿井提升机智能故障诊断系统这种经济、简便的方法,可以在现场提升机设备出现故障时,通过网络将提升系统专家与现场联系起来,通过专家对现场情况的分析与判断,得出故障诊断处理意见并返回现场,以指导现场人员进行相应的故障处理。

7.2　系统结构设计与应用

通过前面章节对网络环境下矿井提升机智能故障诊断系统总体框架的分析、系统中传感器布局以及提升机故障诊断方法的研究,将提升机现场监测系统与网络技术结合起来,采用 B/S 模式,实现矿井提升机系统的现场监测与状态的网络发布。

7.2.1　系统开发平台与工具

本书研究对象为永煤集团陈四楼矿现场运行的大型交流同步提升机系统,该系统控制部分采江苏国传电气有限公司开发的 ASCS 系列提升机电控系统,其中所构建的网络环境下矿井提升机智能故障诊断系统主要包括以下目的:对提升机运行状态进行实时监测,感知提升机的运行状态;通过对提升机运行状态参数的检测、采集与分析,实现对矿井提升机故障的智能诊断功能;当现场监测系统发现提升机系统出现异常时,系统自动报警并采取相应的安全保护措施,对故障进行定位并指出故障产生的原因;系统采用 B/S 方式,通过网络对复杂提升机系统故障进行诊断,并将结果反馈给用户。

系统开发实现的原型系统采用面向对象的方法。系统开发所用的软硬件如下:

7.2.1.1　就地实时监测与故障诊断试验

(1)硬件部分

S7-300 PLC(包含电源、CPU、数字量、模拟量、串行通信、以太网通信等模块)、信号采集与监测设备、一台现场监控 PC,一台数据库服务器、RS485 通信卡、连接接头等。

(2)软件部分

① Simatic Manager 5.4 的应用。

在该环境下,实现对西门子公司 PLC 的硬件组态和软件编程,然后逐步调试,监视 PLC 中各地址值的变化情况,完成对提升机系统现场运行状态数据的采集。

② Simatic Net 6.2 的应用。

将现场监控 PC 通过该软件与 PLC 连接起来,组成工业以太网,建立 OPC 通信结构,实现 PC-PLC 双向通信。

③ Visual Basic 6.0 程序设计。

用它来实现与 PLC 的双向串行通信,与工业以太网通信的地位相同。在该环境下,调用 Mscomm 控件,编制代码,实现与 PLC 的通信。然后对数据进行处理、显示、实时报警、存储到数据库等。最后,给 PLC 一些假定的数字信号与模拟信号,逐步调试程序,使监控软件中数据与实际给定值相符。

7.2.1.2　运行状态网络发布功能的实现

(1)硬件部分

硬件主要包括:局域网、一台服务器、交换机、光端机、光纤、网线、连接插头等。

(2)软件部分

① 网页的制作。

在 FrontPage 环境下,根据 html 文件的编写规则,编制直观、友好的网页。

② ASP 文件中 VBScript 脚本代码的编写。

VBScript 是在 FrontPage 环境下编写的,它主要采用 ADO 动态数据库访问技术实现客户机对服务器数据库数据访问，然后把脚本代码插入到 html 文件中，创建 ASP 文件，最后编译调试。

③ 服务器中"Internet 服务器"的设置。

在 Windows 2000 Advanced Server 环境下，设置本地的 IP 地址、所用到的端口、上传的文件、默认主页等。

④ 最后，与就地监控系统联合起来总体调试，给 PLC 一些假定的数字信号与模拟信号，逐步调试各部分程序，使监控系统与实际给定值相符。

7.2.2　提升机在线监测画面的设计

要实现对提升机状态的实时监控功能，就需要一个功能可靠的软件系统。目前，上述软件系统已经基本满足功能需求，但仍存在一些不足之处，而且不同环境、不同用户有不同的要求，所以还需要进一步修改与完善，实时监控与故障诊断。主要设计内容包括 PLC 软件系统、PC 监控程序设计两部分。

7.2.2.1　PLC 软件设计

由于矿井提升机主控部分选用西门子公司的 S7-300 系列 PLC，其采用 Siamtic Manager 作为编程环境，该软件是用于 SIMATIC S7、C7 和 WinAC 自动化系统的标准工具。它具有用于自动化项目所有阶段的用户友好界面，对 PLC 进行硬件组态和模块参数的设置、通信端口和功能的设置，可以采用多种方式进行编程、下载、传输和保存，以及进行故障诊断等功能。下面重点介绍通信程序设计：

在 S7 的编程环境下，在硬件配置中设置 PLC 与上位机之间的通信协议，由于两者之间串行通信的方式，在进行设置时按照通信模块的要求对传输数据长度、波特率等进行初始化设置即可，设置通信协议为 ASCII，通信参数波特率为 9 600、数据位为 8、停止位为 1，偶校验。设置完成后，开始定义 FB3 功能模块，该功能模块由系统自己编程，一般集成在 CP340 的功能模块库中。在使用时，直接从该功能库中拖入程序，通过设置该功能块相对应的数据块号、发送数据长度、起始字节、硬件地址等参数，就可以完成发送数据的程序编制。在进行数据交换时，通过 CP340 模块中的缓冲存储器，实现上位机与 CPU 模块之间数据的通信功能。PLC 中的发送功能块将数据块中连续存放的数据传给 CP340，有闲置和发送两种状态，如果输入 REQ 有上升沿，发送功能块就由闲置转入发送，开始向 CP340 传送数据，并由 CP340 将数据发送给接收方，可通过监视输出信号的值得到发送完成情况。

7.2.2.2　PC 实时监控程序设计

启动监控主机后，启动应用程序，用户可以根据自己的需要采用键盘或者鼠标对画面进行切换。

图 7-2 给出了提升机监控系统的主监控画面。

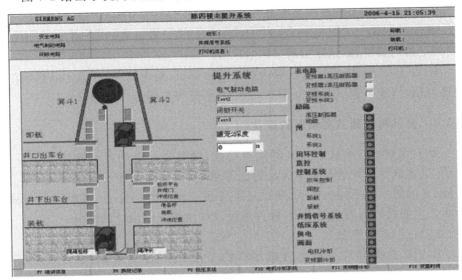

图 7-2　提升系统画面

（1）主监控画面主要显示信息

① 显示系统安全电路状态、系统闭锁电路是否正常，提升机天轮、箕斗的运行方向、提升机的装卸载系统、控制系统等信息。

② 显示主电路、励磁、闸、闭环控制、监控、控制系统、井筒信号系统、低压系统、供电系统、冷却系统是否有故障或报警。

③ 显示两个箕斗在井筒中的位置及各平台的位置，井筒主要开关的开闭情况等。

④ 显示提升行程（精针）和提升高度。

⑤ 显示转换其他画面的菜单。

⑥ 如果出现提升机系统故障时，在屏幕上立即出现故障报警信息，以提示司机和维护人员故障情况以及故障点，该故障报警窗口在故障消除后自动消失，也可以通过人工操作关闭该窗口。

（2）装卸载画面（图 7-3）

装卸载画面显示的信息主要有：

① 显示装载系统与卸载系统中装载皮带和定量斗的状态，显示箕斗卸载时箕斗的开闭情况。

　② 显示系统画面切换。

　③ 显示卸载系统的状态,如系统中箕斗是否到位以及卸载时汽缸的压力是否正常等。

　④ 显示装载系统的状态,如定量斗是否装满,以及装载皮带的运行情况,以及提升机钢丝绳是否因为受到拉力而伸长的情况。

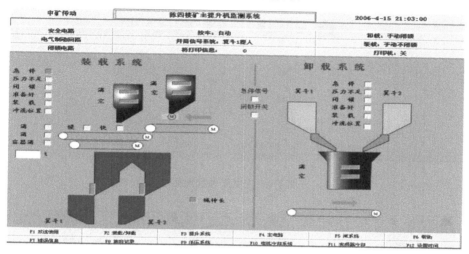

图 7-3　装卸载画面

（3）主电路系统画面（图 7-4）

主电路系统显示的信息主要有:

① 显示变频装置、励磁装置、高压开关状态是否正常。

② 显示画面切换按钮。

③ 显示变频电路、励磁电路,以及它们与主电机的接线关系。

④ 显示主电机的温度情况。

在该画面中,绿色表示电气元件通电并且能够正常运行,红色表示该电气元件不通电,黄色表示报警。

（4）低压供电系统画面（图 7-5）

低压供电系统画面显示的信息主要有:

① 显示系统中各部分低压配电状态,包括为提升机各个辅助系统供电的开关的状态。

② 显示画面切换按钮的控制键。

③ 提升系统中所有低压控制开关的运行状态。

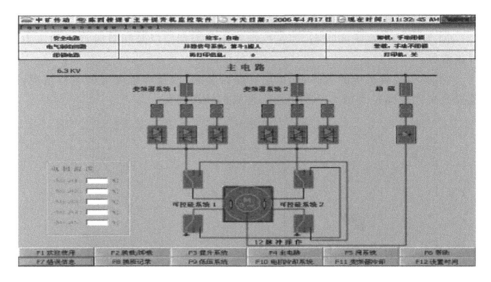

图 7-4　主电路系统画面

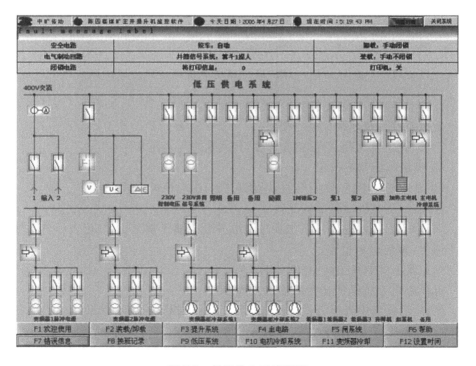

图 7-5　低压供电系统画面

在画面中,绿色线段代表该开关处于闭合状态,黄色代表该开关出现故障,白色表示该回路处于断开状态。

（5）提升机液压制动系统（图 7-6）

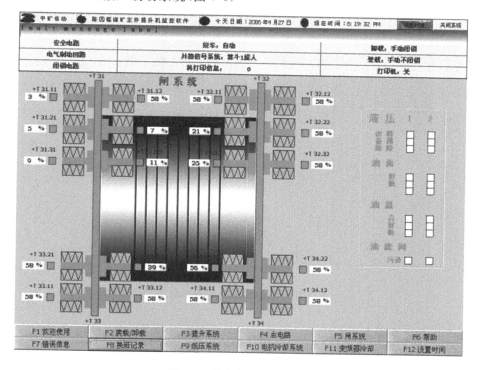

图 7-6　液压制动系统画面

该画面主要显示的信息有:

① 显示液压制动系统各组成部分的实时状态。

② 显示画面切换按钮的控制键。

③ 制动闸状态（闭闸或抱闸）及闸的间隙系数。

④ 液压站的工作状态。

⑤ 与液压制动系统有关的故障信息。

在该画面中,如果制动闸正常,则用绿色线段显示,当出现故障情况时用红色线段表示,而黄色线段表示报警。

（6）故障信息记录画面（图 7-7）

故障信息记录画面显示的信息主要有:

① 显示并记录提升机使用过程中出现的故障情况,包括故障发生时间、故

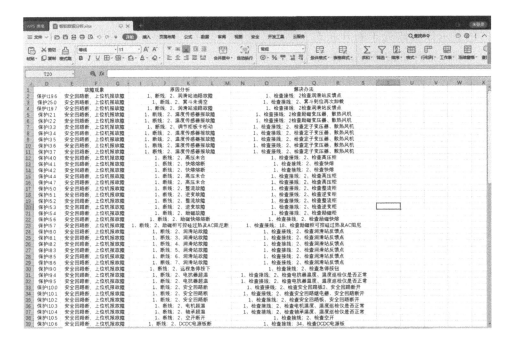

图 7-7　故障信息记录画面

障严重程度等信息。

② 显示画面切换按钮的控制键。

③ 为了保证系统运行的速度,当存储的故障记录超过 1 万条时,该监控系统会自动清除故障记录。

(7) 产量报表画面(图 7-8)

产量报表画面显示的信息主要有:

① 显示画面切换按钮的控制键。

② 显示本班、本日、本月的产量及对应的斗数,箕斗 1 和箕斗 2 分别提升的吨数。

③ 有换班操作菜单,点击换班指令后,当班信息置零,重新计数。

④ 可以打印产量信息。

(8) 帮助信息画面(图 7-9)

帮助信息画面显示的信息主要有:

① 显示提升机在线显示系统中各种颜色代表的含义以及系统使用中出现问题应如何解决的信息。

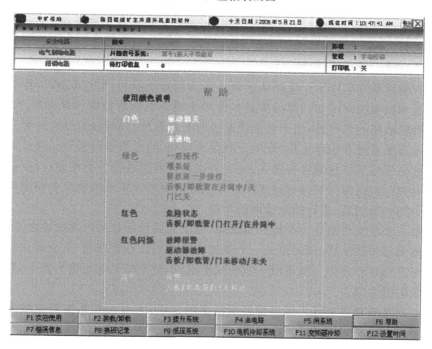

图 7-8　产量报表画面

图 7-9　帮助信息画面

② 显示画面切换按钮的控制键。

③ 元件显示颜色说明。

当提升系统发生故障时,会在屏幕上立即显示一个红色的故障报警窗口,向提升机司机或者其他人员提示当前系统中出现的故障时间以及故障点。当利用人工排除故障后,该窗口会自动消失。

7.2.2.3 智能故障诊断功能的实现

(1)远程智能诊断模型

设在科研机构的远程诊断中心与提升机之间采用基于 Internet 的远程数据文件传输实现双方的数据交换。该模型的诊断主体可以是专家系统,也可以是实际的诊断专家。实际的诊断专家通过远程诊断中心对系统运行进行在线监控,并进行分析和判断,确定故障的部位与原因。诊断过程如下:

① 用专家系统进行诊断。

② 将诊断结果返回现场,若不正确,则要求远程诊断中心再次诊断。

③ 通知相关实际专家到诊断中心进行诊断,将结果返回现场,在线联系,直到得出正确结论。

(2)系统软件设计

软件设计是在 VB 6.0 环境下完成的,最后打包生成安装文件,主要包括以下两部分。

① 智能诊断知识库的建立。

智能诊断知识库用于反映从提升故障诊断系统获得的专家知识,其中知识的质量和数量决定了知识库的质量。而对于提升机远程故障诊断系统来讲,由于提升机故障的多样性,出于对知识库进行有效管理与调试的目的,对提升机远程故障诊断系统知识库采用"框架+产生式规则"的方式进行表示。通过对不同类型故障采用系统规则进行描述,同时利用故障框架进行分类整理,以便全面清晰地对提升机故障知识进行描述。专家系统就是对知识库的建立并根据其中的知识找到解决问题、进行故障诊断的系统。

每一个框架均对应一类提升机故障,用于完成诊断对象内部的诊断任务,代表实体类型的数结构;同时形成一个多层次的结构性诊断网络,对故障诊断对象进行层次分解和分类。框架由一系列的槽组成,对象的属性用槽来表示,其值即为对象的属性值。

专家系统利用来源于客观世界中积累的知识,来解决矿井提升机故障诊断的问题并做出相应的决策,以满足安全生产的需要。

利用 Visual Basic 建立知识库管理软件的界面如图 7-10 所示。知识库采用"框架+产生式规则"表示,知识库的建立包括故障信息库、规则库两部分。故障信息库建立界面如图 7-11 所示,包括故障编号、故障类型、故障名称、故障部件 4 部分,既可以当作推理过程中的条件使用,也可以做解释结论使用。规则库中的规则按故障类型分类,每一类故障由若干个规则组成,这样既便于分类和推理,也便于对规则进行编辑修改。

图 7-10　知识库管理界面

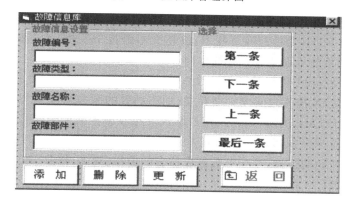

图 7-11　故障信息库建立界面

② 智能故障诊断的实现过程。

系统通过将原始信息进行编码处理,在智能故障诊断知识库中寻找相应的规则与之相匹配,直到得到最终与原始信息相匹配的诊断结论。推理过程的实现可以采用由假设结论寻求支持该结论的原始信息的反向推理,也有通过原始信息经过推导得出相应结论的正向推理,或者采用双向推理的正反混合推理。

7.2.3　提升机运行状态的网络发布

矿井提升机智能故障诊断系统应用平台主要包括系统 Web 服务器与应用

程序服务器的软件设计以及提升机运行状态的网络发布功能。

7.2.3.1　浏览器/服务器结构

　　矿井提升机智能故障诊断系统采用浏览器(Browser)/服务器(Server)模式(又称 B/S 模式)实现外部客户与 Web 相连数据库的访问,以达到实现数据交换的目的。之所以采用这种模式,是因为企业网络是以 HTTP 协议及 HTML 语言为基础的,能够通过 Web 页面向各种用户提供网页浏览服务。

　　(1) Web 服务器的软件设计

　　建立浏览器/服务器体系结构,给 Server 分配一个固定的 IP 地址,客户机通过 IE 直接访问该 IP。

　　(2) 应用程序服务器的设计

　　应用程序服务器的主要功能是把服务器的 ActiveX 控件下载到客户机中,并且使客户机与服务器通过 TCP/IP 或 UDP 协议动态交换数据,为实现提升机系统的全面感知与故障诊断做好设计准备。

　　网络环境下矿井提升机智能故障诊断系统采用 VBscript 和超文本语言 HTML 编写程序代码,同时采用动态网页开发技术,其主要步骤如下:

　　① 采用 Flash 等动态网页技术,以超文本语言 HTML 为基础编写浏览器界面,以达到系统界面美观大方的目的。

　　② 用 VBscript 编写基于 IIS 的 ASP 脚本代码。通过 ASP 指令与 Visual Basic 中 ActiveX 控件之间建立交互式、动态高效的服务器应用程序,而只在服务器端运行 HTML 的脚本程序,用户端仅仅接收服务器侧的执行结果,可以大大提高浏览器与服务器之间的交互速度。同时通过 ASP 实现 Visual Basic 程序与数据库之间的连接,达到对数据库信息的追加、删除、修改、动态查询以及计算处理等功能。

　　③ 为了使客户端的人机界面简洁明了,方便使用者对提升机状态数据的查询,在数据库查询区设立一个专用区域实现与客户机之间的数据交互功能。用户的查询请求经过 Web 访问,生成 SQL 标准的数据库语言,服务器根据得到的查询命令,将数据进行必要的处理,将得到的查询数据发回给用户方,同时以 HMTL 语言格式上传到用户方 Web 浏览器。

7.2.3.2　提升机运行状态的网络发布

　　(1) 网络通信协议

　　目前,TCP/IP 协议作为标准的通信协议,可以实现将不同硬件体系、不同操作系统的网络联系起来,具有极强的灵活性,互联网上几乎所有的计算机和服务器都可以通过 TCP/IP 协议实现相互连接,组成任意规模的网络。矿井提升机感知系统就是以 Windows 环境下 TCP/IP 接口编程函数 Winsock 函数为基础,以 Visual Basic 为开发工具设计实时的应用程序,实现提升机系统状态参数在网络上的实时动态传输。

(2)动态网页设计

提升机智能故障诊断系统动态网页的实现是以 FrontPage 作为编程环境,通过在网页内插入相应的 VBscript 脚本代码来实现的。其过程如下:

① 在 FrontPage 环境下,分类编制网页,主要有网页的结构、颜色搭配、比例协调等问题。

② ActiveX 控件的应用。ActiveX 部件是一段可重复使用的代码和数据,由 ActiveX 技术创建的一个或多个对象组成,是将现已存在的完善的应用程序片段连在一起的强有力手段。Visual Basic 程序包括各种类型的 ActiveX 部件,这类部件在网络编程中能够直接使用,通过客户端/服务器关系与应用程序交互。客户端是使用部件功能的应用程序代码,服务器是部件及其关联的对象。使用 ActiveX 部件提供的对象与操作其他对象方法十分相似,先引用对象,然后编写使用对象的方法、属性与事件的代码。矿井提升机感知系统利用 Visual Basic 本身的控件,这部分控件都具有相应的属性、方法及事件等,在 Visual Basic 编程环境下生成名为"Controller. ocx"的主控件,将其插入相应的网页中并编写控制代码。

③ 访问服务器数据库的脚本代码的编写。

为了实现对远程数据库的高效访问,可以编写一个严格执行 ADO 语法规则的头文件,以供多个页面引用,该文件可以采用多种方式进行编写,只要最后保存为 FUN 类型的文件插入相应的网页脚本代码中即可。

(3)Web 服务器中 Internet 信息服务的配置方法

系统运行后,在"Internet 信息服务"中创建的 Web 站点设置相应的 IP 地址后,再将包括控件和插入 VBscript 脚本语言的 HTML 或 ASP 文件放入相应的"主目录"文件夹中。最后通过启动设置"启用默认文挡""脚本执行许可""连接限时"等,完成 Web 服务器中 Internet 信息服务功能的配置工作并启动该服务。

(4)客户机对 Web 服务器的访问过程

① 在客户机 IE 地址栏直接输入 Web 服务器计算机的 IP 地址,浏览所创建的主页。主页上有一些链接用于访问其他如历史故障等的监控页面。

② 当客户机首次通过网络对 Web 服务器进行访问时,首先到 Web 服务器上下载并安装"Controller. ocx"主控件,并将该控件自动保存在当前计算机操作系统相应目录中。当客户机以后再对服务器进行访问时,由于该主控件已经存在于客户机中,就不需要通过服务器再验证了。

③ 客户机通过对 Web 服务器数据库的访问,得到提升机系统运行参数的

数据,并将该数据按照预先定义好的字节涵义进行分析与整理,将得到的数据用于驱动相应控件的事件、方法或者属性,或者去进行一些文字的显示,系统运行参数便实时动态地呈现在网页上。

7.2.4 系统应用效果

该系统在永煤集团陈四楼矿主井系统中用于提升机运行状态的检测和故障诊断。下面以提升机闸瓦磨损故障智能诊断为例,在出现闸瓦磨损故障时,上位机中自动弹出该系统进行故障诊断的工作画面,如图 7-12 所示。同时通过声光报警指示出提升机闸瓦故障部位,通过鼠标点击故障部位,就会弹出相应的提升机运行参数数据和数据变化曲线,见图 7-13、图 7-14。故障发生的时间和故障程度,见图 7-15;故障处理的专家意见,见图 7-16。

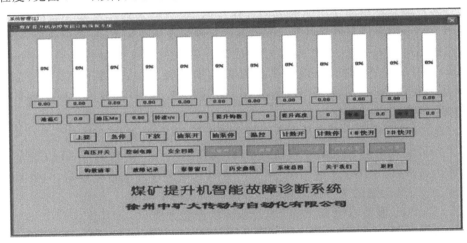

图 7-12　提升机智能故障诊断系统工作画面

序号	标签号	说明	测量值
1	AI-1	1号闸瓦磨损	1.56
2	AI-2	2号闸瓦磨损	1.11
3	AI-3	3号闸瓦磨损	1.21
4	AI-4	4号闸瓦磨损	1.18
5	AI-5	闸瓦空动时间	0.20s
6	AI-6	制动盘偏摆度	0.82mm
7	AI-7	制动油的油温	52.36度
8	AI-8	电机电流	117.24
9	AI-9	电机电压	6026.62V

图 7-13　实时数据

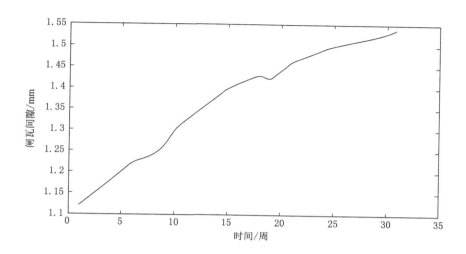

图 7-14　实时数据变化曲线

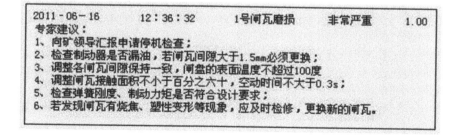

2011－06－16	12：36：16	1号闸瓦磨损	严重	0.76
2011－06－16	12：36：18	1号闸瓦磨损	非常严重	0.96
2011－06－16	12：36：20	1号闸瓦磨损	非常严重	0.97
2011－06－16	12：36：22	1号闸瓦磨损	非常严重	0.98
2011－06－16	12：36：24	1号闸瓦磨损	非常严重	0.99
2011－06－16	12：36：26	1号闸瓦磨损	非常严重	1.00

图 7-15　故障显示画面

```
2011－06－16        12：36：32      1号闸瓦磨损     非常严重      1.00
专家建议：
1、向矿领导汇报申请停机检查；
2、检查制动器是否漏油，若闸瓦间隙大于1.5mm必须更换；
3、调整各闸瓦间隙保持一致，闸盘的表面温度不超过100度
4、调整闸瓦接触面积不小于百分之六十，空动时间不大于0.3s；
5、检查弹簧刚度、制动力矩是否符合设计要求；
6、若发现闸瓦有烧焦、塑性变形等现象，应及时检修，更换新的闸瓦。
```

图 7-16　专家意见

系统运行情况表明,本系统不但具有对矿井提升机运行状态实时监测功能,并且成功地实现了闸瓦磨损故障的诊断与预报,能够准确地诊断出闸瓦故障的部位、故障发生时间和故障程度,并提出故障治理的专家建议,达到了预期的效果。而且矿井提升机系统经过长时间的运行表明,其具有运行安全、可靠,维护量少,易于更新,修改系统容易等优点,实现了矿井提升机系统智能故障诊断的功能。

参 考 文 献

［1］刘海涛.物联网"推高"第三次信息浪潮［N］.中国电子报,2009-12-11(3).

［2］石军."感知中国"促进中国物联网加速发展［J］.通信管理与技术,2009(5): 1-3.

［3］王峰.网络环境下矿井提升机智能故障诊断关键技术研究［D］.徐州:中国矿业大学,2013.

［4］刘亮,刘毅,刘明举.2002—2003年我国煤矿死亡事故统计分析［J］.煤炭科学技术,2005,33(1):7-9,76.

［5］朱真才.矿井提升过卷冲击动力学研究［D］.徐州:中国矿业大学,2000.

［6］郑丰隆.煤矿主井提升坠斗事故控制的研究［D］.青岛:山东科技大学,2006.

［7］张涵,王峰.基于矿工不安全行为的煤矿生产事故分析及对策［J］.煤炭工程,2019,51(8):177-180.

［8］张涵.矿井提升系统人为失误控制策略研究［J］.煤炭经济研究,2018, 38(2):58-62.

［9］张涵."互联网＋"背景下煤矿设备动态管理系统［J］.煤炭经济研究,2017, 37(2):63-66.

［10］池红卫.复杂过程工业系统故障诊断与预测方法的研究［D］.天津:天津大学,2004.

［11］汪楚娇.语义环境下提升机故障人工免疫诊断方法研究［D］.徐州:中国矿业大学,2010.

［12］黄文虎,夏松波,刘瑞岩,等.设备故障诊断原理、技术及应用［M］.北京:科学出版社,1996.

［13］MEHRA R K,PESCHON J. An innovations approach to fault detection and diagnosis in dynamic systems［J］. Automatica,1971,7(5):637-640.

［14］BEARD R V. Failure accommodation in linear systems through selereorganization［R］. 1971.

［15］WILLSKY A S. A survey of design methods for failure detection in dynamic systems［J］. Automatica,1976,12(6):601-611.

[16] HIMMELBLAU D M. Fault detection and diagnosis in chemical and pet-rochemical proeess [M]. Amsterdam:Elsevier Press,1978.

[17] 叶银忠,潘日芳,蒋慰孙. 动态系统的故障检测与诊断方法[J]. 信息与控制,1985,14(6):27-34.

[18] 周东华,孙优贤. 控制系统的故障检测与诊断技术[M]. 北京:清华大学出版社,1994.

[19] 张育林,李东旭. 动态系统故障诊断理论与应用[M]. 长沙:国防科技大学出版社,1997.

[20] 闻新,张洪钺,周露. 控制系统的故障诊断和容错控制[M]. 北京:机械工业出版社,1998.

[21] 周东华,叶银忠. 现代故障诊断与容错控制[M]. 北京:清华大学出版社,2000.

[22] 张荣涛. 复杂装备远程智能监测、诊断与维护系统研究[D]. 南京:南京理工大学,2002.

[23] CHONG C Y,KUMAR S P. Sensor networks:evolution,opportunities,and challenges[J]. Proceedings of the IEEE,2003,91(8):1247-1256.

[24] KHEMAPECH I,DUNCAN I,MILLER A. A Survey of wireless sensor networks technology[C]//Proceedings of the 6th annual postgraduate symposium on the convergence of telecommunications, networking & broadcasting. Liverpool,UK,2005:431-435.

[25] WARNEKE B,LAST M,LIEBOWITZ B,et al. Smart dust:communica-ting with a cubic-millimeter computer[J]. Computer,2001,34(1):44-51.

[26] BUTLER K. Tactical automated security system air force expeditionary security[C]//AeroSense 2002. Proc SPIE 4743,unattended ground sensor technologies and applications IV,Orlando,FL,USA,2002,4743:283-290.

[27] COY P,GROSS N. 21 ideas for the 21st century[J]. Business week,1999(3644):78-79,81-82.

[28] 刘丽萍. 无线传感器网络节能覆盖[D]. 杭州:浙江大学,2006.

[29] 李建中,李金宝,石胜飞. 传感器网络及其数据管理的概念、问题与进展[J]. 软件学报,2003,14(10):1717-1727.

[30] 孙亭,杨永田,李立宏. 无线传感器网络技术发展现状[J]. 电子技术应用,2006,32(6):1-5.

[31] 申兴发. 基于无线传感器网络的分布式定位跟踪系统[D]. 杭州:浙江大学,2007.

［32］AKYILDIZ I F,POMPILI D,MELODIA T. Underwater acoustic sensor networks:research challenges[J]. Ad hoc networks,2005,3(3):257-279.

［33］LI M,LIU Y H. Underground coal mine monitoring with wireless sensor networks[J]. ACM transactions on sensor networks,2009,5(2):1-29.

［34］LI M,LIU Y H,CHEN L. Nonthreshold-based event detection for 3D environment monitoring in sensor networks[J]. IEEE transactions on knowledge and data engineering,2008,20(12):1699-1711.

［35］国家中长期科学和技术发展规划纲要（2006—2020 年）[J/OL]. http://www.gov.cn/gongbao/content/2006/content_240244.htm.

［36］彭明盛. 智慧的地球[N]. 人民日报,2009-7-24(9).

［37］石军. "感知中国"促进中国物联网加速发展[J]. 通信管理与技术,2009(5):1-3.

［38］刘玠,杨文献. 矿井提升系统故障诊断研究[J]. 山西矿业学院学报,1995(2):133-138.

［39］王峰,何凤有,李渊,等. 基于多 Agent 系统的提升机故障诊断技术研究[J]. 煤矿机电,2009(5):3-5.

［40］周建荣. 直流提升机故障检视和诊断专家系统[D]. 徐州:中国矿业大学,1991.

［41］邓世建. 大功率电力传动装置远程故障诊断技术的研究及应用[D]. 徐州:中国矿业大学,2003.

［42］周谨. 矿井提升机故障机理与故障诊断研究. [D]. 徐州:中国矿业大学,2001.

［43］牛强. 语义环境下的矿井提升机故障诊断研究[D]. 徐州:中国矿业大学,2010.

［44］肖兴明. 摩擦提升重大事故分析与预防[M]. 徐州:中国矿业大学出版社,1996.

［45］雷勇涛. 基于神经网络的提升机制动系统故障诊断技术与方法[D]. 太原:太原理工大学,2010.

［46］杨淑珍,徐文尚,高云红. 基于模糊推理的矿井提升机故障诊断方法的研究[J]. 煤矿机械,2005,26(9):148-150.

［47］杨淑珍. 基于模糊专家系统的矿井提升机故障诊断算法的研究[D]. 青岛:山东科技大学,2006.

［48］荆双喜,张英琦,王建生,等. 小波包在提升机减速箱故障诊断中的应用[J]. 振动与冲击,1999,18(4):22-26.

[49] 王智,孙艳玲,徐为民,等. 矿井提升机 ZG 型弹簧基础减速器振动故障诊断与原因分析[J]. 矿山机械,1997,25(6):20-22.

[50] 荆双喜,赵玉峰,王建生. 用噪声对提升机减速箱进行故障诊断[J]. 煤矿机械,1994,15(3):27-29.

[51] 朱华,顾玉华,黄民,等. 矿井提升机振动故障诊断[J]. 振动与冲击,1997,16(4):31-35.

[52] 玄志成,李成荣,付华,等. 提升罐道故障诊断方法的研究[J]. 煤炭学报,1999,24(5):517-521.

[53] 姜耀东,葛世荣,GOLOSINSKI TAD. 矿井提升中减速度检测方法的动力学分析[J]. 中国矿业大学学报,1999,28(5):473-478.

[54] 陈潇. 双绳缠绕式提升机钢丝绳张力协调控制策略研究[D]. 徐州:中国矿业大学,2021.

[55] 侯纪红. 矿井提升机传动系统与制动系统协调控制仿真研究[D]. 徐州:中国矿业大学,2001.

[56] 曹政才,赵会丹,吴启迪. 基于自适应神经模糊推理系统的半导体生产线故障预测及维护调度[J]. 计算机集成制造系统,2010,16(10):2181-2186.

[57] 孔莉芳,张虹. 基于 ANFIS 的汽车发动机振动参数故障诊断云模型[J]. 制造业自动化,2010,32(10):20-24.

[58] 林剑艺. 水电站(群)中长期预报及调度的智能方法研究[D]. 大连:大连理工大学,2006.

[59] BAR-SHALOM Y,LI X R. Multitarget-multisensor tracking:principles and techniques[J]. IEEE control systems,1996(2):93-96.

[60] GOODMAN I R,MAHLER R P S,NGUYEN H T. Mathematics of data fusion[M]. Dordrecht:Springer Netherlands,1997.

[61] HALL D. Mathematical techniques in multisensor data fusion[M]. Boston:Artech House,1992.

[62] LIGGINS M,HALL D,LLINAS J. Handbook of multisensor data fusion[M]. New York:CRC Press,2017.

[63] 何友,王国宏,陆大金,等. 多传感器信息融合及应用[M]. 北京:电子工业出版社,2000.

[64] 康耀红. 数据融合理论与应用[M]. 西安:西安电子科技大学出版社,2006.

[65] 刘同明,夏祖勋,解洪成. 数据融合技术及其应用[M]. 北京:国防工业出版社,1998.

[66] 徐耀松,付华,王丹丹. 数据融合技术在综掘工作面瓦斯预测中的应用[J].

矿业快报,2004,20(2):21-23.

[67] BEYNON M J,JONES L,HOLT C A. Classification of osteoarthritic and normal knee function using three-dimensional motion analysis and the Dempster-Shafer theory of evidence[J]. IEEE transactions on systems, man,and cybernetics - part a:systems and humans,2006,36(1):173-186.

[68] 缪燕子.多传感器信息融合理论及在矿井瓦斯突出预警系统中的应用研究[D].徐州:中国矿业大学,2009.

[69] 王新,王志珍.基于信息融合技术的提升机控制系统故障诊断方法的研究[J].煤矿机电,2007(2):16-18.

[70] 王正友,刘济林.提升机制动系统故障的信息融合诊断[J].煤炭学报,2003,28(6):650-654.

[71] 裴九芳,程晋石.基于故障树和灰关联的矿井提升机故障诊断[J].矿山机械,2008,36(19):74-76.

[72] 刘志海,鲁青,李桂莉.基于故障树的故障诊断专家系统的研究[J].矿山机械,2006,34(5):75-77.

[73] 罗永仁,晏飞.故障智能诊断技术及其在矿井提升机上的应用研究[J].煤炭技术,2007,26(11):117-119.

[74] 李吉宝,李树涛.提升机故障诊断专家系统研究[J].煤炭技术,2005,24(5):14-16.

[75] 王致杰,王耀才,李冬.基于小波网络的矿井提升机运行故障趋势预测研究[J].中国矿业大学学报,2005,34(4):528-532.

[76] 李皎洁,王致杰,刘三明,等.基于模糊神经网络的提升机故障诊断系统[J].中国煤炭,2009,35(12):67-69.

[77] 张耀成,贾昌喜,赵利平,等.一种检测提升机系统性能参数的装置[J].煤矿安全,1996,27(9):6-7.

[78] 吴荫六,张认成,孙方宏.TCJB-1型提升机测试监控保护仪[J].煤矿机电,1993(1):61-62.

[79] 毕波,刘传文.提升机智能测试仪[J].矿山机械,1994,22(5):29-31.

[80] 雷淮刚,马鹏祥,王家栋.HBD-I提升机制动器动态参数及故障监测仪[J].煤矿自动化,1995,21(3):39-41.

[81] 陈军,周智仁,肖志宽.提升机盘式制动器状态监测装置的研制[J].矿山机械,1993,21(7):30-33.

[82] 吴荫六,张认成.提升机机械参数的测试、监控与保护原理[J].淮南矿业学院学报,1992(1):38-44.

[83] 黄小军.矿井提升机安全监护系统研究[D].徐州:中国矿业大学,2000.

[84] 梁兆正,李文宏,肖林京,等.矿井提升机状态监测与故障诊断系统[J].矿山机械,1999,27(3):38-41.

[85] 郭文平.瑞典 ABB 公司矿井提升机的安全保护系统分析[J].矿山机械,1997,25(6):25-28

[86] 王磊,马正兰,安忠林.基于 CSCW 的提升机故障诊断研究[J].中州煤炭,2004(3):7-8.

[87] 何凤有,王磊,谭国俊,等.提升机故障诊断专家系统研究[J].煤炭工程,2004,36(5):49-51.

[88] 王磊,刘亚伟,马正兰,等.用容错技术提高提升机控制系统的可靠性[J].煤炭工程,2004,36(6):42-43.

[89] 李德臣,王峰.矿井提升机故障诊断技术研究[J].煤矿机电,2009(5):36-38.

[90] 邱忠宇,王一欧,顾晃,等.基于多 Agent 的汽轮发电机组故障诊断系统[J].中国机械工程,2001,12(7):800-803.

[91] 陈真勇,何永勇,褚福磊,等.多 Agent 故障诊断原型系统研究[J].中国机械工程,2002,13(13):1084-1087.

[92] 黎洪生,陶运锋,朱兆勋,等.远程在线监测与故障诊断系统的设计和实现[J].武汉理工大学学报,2001,23(7):35-37.

[93] 王坚,严隽薇,华勇.基于 CSCW 的多 AGENT 协同式项目协调与管理系统研究[J].高技术通讯,2001,11(2):65-67.

[94] 王峰,刘自学,张旭隆.车集矿主井提升机双线制电控系统可靠性研究[J].煤矿机械,2020,41(1):49-50.

[95] 王峰,闫晓雷,李德臣.提升机主控系统可靠性分析[J].煤矿机械,2010,31(9):89-90.

[96] 钱鸣高.煤炭的科学开采[J].煤炭学报,2010,35(4):529-534.

[97] 孙彦景,钱建生,李世银,等.煤矿物联网络系统理论与关键技术[J].煤炭科学技术,2011,39(2):69-72.

[98] 孙继平.煤矿物联网特点与关键技术研究[J].煤炭学报,2011,36(1):167-171.

[99] 钱建生,马姗姗,孙彦景.基于物联网的煤矿综合自动化系统设计[J].煤炭科学技术,2011,39(2):73-76.

[100] 解海东,李松林,王春雷,等.基于物联网的智能矿山体系研究[J].工矿自动化,2011,37(3):63-66.

[101] 崔曼,卢建军,赵安新,等.基于物联网的煤炭企业物流信息平台应用研究[J].煤炭技术,2011,30(1):243-245.

[102] 胡青松,张申,陈艳.煤矿认知网络体系结构设计[J].煤炭工程,2010,42(6):108-111.

[103] WANG F,HE F Y. Study of hoist perception system based on IOT technology[C]//2010 international conference on web information systems and mining. October 23—24,2010,Sanya,China. IEEE,2010:357-360.

[106] 吴立新,殷作如,钟亚平.再论数字矿山:特征、框架与关键技术[J].煤炭学报,2003,28(1):1-7.

[107] 赵小虎,张申,谭得健.基于矿山综合自动化的网络结构分析[J].煤炭科学技术,2004,32(8):15-18.

[108] 张申,丁恩杰,徐钊,等.物联网与感知矿山专题讲座之三:感知矿山物联网的特征与关键技术[J].工矿自动化,2010,36(12):117-121.

[109] 丛子月,谭国俊,何凤有.国外引进交-交变频提升机国产化改造实践[J].煤炭工程,2011,43(9):60-62.

[110] 陈家兴.基于 PLC 的 103 规约解析研究与应用[J].煤矿机械,2011,32(7):44-46.

[111] 钱继学.基于 PLC 的井下变电所自动控制系统应用[J].煤矿机械,2011,32(6):231-233.

[112] 李占芳.矿井提升系统振动特性及典型故障诊断研究[D].徐州:中国矿业大学,2008.

[113] 张俊.矿井提升系统关键设备危险源辨识、评价及监控研究[D].徐州:中国矿业大学,2009.

[114] JONES K. ALBERT L. The value of decelerometer testing[J]. CIM bulletin,1984,77(871):39-44.

[115] 吴波.立井提升刚性罐道系统健康监测研究[D].徐州:中国矿业大学,2019.

[116] 何凤有,谭国俊.矿井直流提升机计算机控制技术[M].徐州:中国矿业大学出版社,2003.

[117] 姜小环.立井提升系统安全可靠性的研究[D].徐州:中国矿业大学,2008.

[118] 林荣华.矿井提升机智能故障监控与诊断专家系统研究与实现[D].徐州:中国矿业大学,2004.

[119] 秦绪平.矿井提升机安全控制策略研究[D].徐州:中国矿业大学,2006.

[120] GRAYSON R L,WATTS C M,SINGH H,et al. A knowledge-based ex-

pert system for managing underground coal mines in the US[J]. IEEE transactions on industry applications,1990,26(4):598-604.

[121] 王劲.矿井提升机故障诊断与容错控制技术研究[D].徐州:中国矿业大学,2008.

[122] 杨淑珍.基于模糊专家系统的矿井提升机故障诊断算法的研究[D].青岛:山东科技大学,2006.

[123] 贾猛.矿井提升断绳事故分析及预防[J].煤矿安全,2003,34(10):46-47.

[124] 黄宏中.一起罐笼坠落井底事故的分析[J].工业安全与防尘,1997,23(4):30-31.

[125] 沈惠霞,朱真才,翟亚军.主井断绳坠箕斗事故原因分析[J].矿山机械,2005,33(2):52-53.

[126] 孟德华,杨兆建,马金山.基于 FTA 和模糊逻辑的矿井提升机制动系统故障诊断[J].煤矿机械,2011,32(4):246-248.

[127] 徐永刚,储扣保,石义金.庞庄煤矿提升机断绳事故分析及预防[J].水力采煤与管道运输,2009(4):71-72.

[128] 张复德.矿井提升设备[M].北京:煤炭工业出版社,1995.

[129] 王峰,路小琪,何凤有,等.基于物联网的矿井提升机感知系统设计[J].煤炭科学技术,2012,40(3):83-86.

[130] 王念彬.基于小波神经网络的小电流接地系统故障选线方法的研究[D].北京:中国矿业大学(北京),2010.

[131] 李文江,屈海峰,马云龙.基于 BP 神经网络的矿井提升机故障诊断研究[J].工矿自动化,2010,36(4):44-47.

[132] 罗永仁,晏飞.故障智能诊断技术及其在矿井提升机上的应用研究[J].煤炭技术,2007,26(11):117-119.

[133] 荆双喜,华伟.基于小波-支持向量机的齿轮故障诊断研究[J].山东科技大学学报(自然科学版),2008,27(4):31-36.

[134] 刘可伟,杨兆建.基于人工神经网络的提升设备故障诊断研究[J].太原理工大学学报,2002,33(4):441-443.

[135] JANG J S R. ANFIS:adaptive-network-based fuzzy inference system[J]. IEEE transactions on systems, man, and cybernetics, 1993, 23（3）:665-685.

[136] 周佩玲,邢根柳.股市价格趋势预测研究[J].计算机工程,2002,28(1):137-138.

[137] 王峰,何凤有,谭国俊.矿井提升机自适应神经模糊故障诊断策略研究

[J].煤炭科学技术,2014,42(2):78-81.

[138] 闻新,周露,李东江,等.MATLAB 模糊逻辑工具箱的分析与应用[M].北京:科学出版社,2001.

[139] SUGENO M,KANG G T. Structure identification of fuzzy model[J]. Fuzzy sets and systems,1988,28(1):15-33.

[140] MAMDANI E H,ASSILIAN S. An experiment in linguistic synthesis with a fuzzy logic controller[J]. International journal of man-machine studies,1975,7(1):1-13.

[141] TSUKAMOTO Y. An approach to fuzzy reasoning method[M]. Amsterdam:North-holland,1979.

[142] JANG J S R,SUN C T. Neuro-fuzzy modeling and control[J]. Proceedings of the IEEE,1995,83(3):378-406.

[143] WANG Y M,ELHAG T M S. An adaptive neuro-fuzzy inference system for bridge risk assessment[J]. Expert systems with applications,2008, 34(4):3099-3106.

[144] RIZZI A,MASCIOLI F M F,MARTINELLI G. Automatic training of ANFIS networks[C]//FUZZ-IEEE,99. 1999 IEEE international fuzzy systems, conference proceedings. August 22—25, 1999, Seoul, Korea (South). IEEE,1999:1655-1660.

[145] FAUZI BIN OTHMAN M,YAU T M S. Neuro fuzzy classification and detection technique for bioinformatics problems[C]//First Asia international conference on modelling & simulation. March 27—30, 2007, Phyket, Thailand. IEEE,2007:375-380.

[146] 郭小荟,马小平.基于支持向量机的提升机制动系统故障诊断[J].中国矿业大学学报,2006,35(6):813-817.

[147] 王莉,张广明,周献中.基于改进 FCM 模糊神经网络的水处理过程建模[J].制造业自动化,2010,32(8):102-105.

[148] 王克刚,齐丽英.基于模糊 C 均值聚类和减法聚类结合的图像分割[J].陕西理工学院学报(自然科学版),2008,24(2):55-58.

[149] 吴晓莉,林哲辉,等.MATLAB 辅助模糊系统设计[M].西安:西安电子科技大学出版社,2002.

[150] RAMA RAO K S,ARIFF YAHYA M. Neural networks applied for fault diagnosis of AC motors[C]//2008 international symposium on information technology. August 26—28,2008,Kuala Lumpur,Malaysia. IEEE,

2008:1-6.

[151] 李运红,张湧涛,裴未迟.基于小波包-Elman 神经网络的电机轴承故障诊断[J].河北理工大学学报(自然科学版),2008,30(4):81-85.

[152] MIREA L,PATTON R J. Recurrent wavelet neural networks applied to fault diagnosis[C]//2008 16th mediterranean conference on control and automation. June 25—27,2008,Ajaccio,France. IEEE,2008:1774-1779.

[153] VAPNIK V N. The nature of statistical learning theory[M]. New York: Springer Verlag,1995.

[154] WIDODO A,YANG B S. Wavelet support vector machine for induction machine fault diagnosis based on transient current signal[J]. Expert systems with applications,2008,35(1/2):307-316.

[155] 蒋少华,桂卫华,阳春华,等.支持向量机及其在密闭鼓风炉故障诊断中的应用[J].小型微型计算机系统,2008,29(4):777-781.

[156] BLUM A, CHAWLA S. Learning from labeled and unlabeled data using graph mincuts[C]//Proceedings of the 18th international conference on machine learning. Williamstown, USA, 2001:19-26.

[157] ZHU X J, GHAHRAMANI Z, LAFFERTY J. Semi-supervised learning using gaussian fields and harmonic functions[C]//Proceedings of 20th international conference on machine learning. Washington DC, USA,2003:912-919.

[158] ZHOU D Y, BOUSQUET O, LAL T N, et al. Learning with local and global consistency[C]//Proceedings of advances in neural information processing systems. Massachusetts: The MIT Press, 2003.

[159] ALEXANDER J S, RISI K. Kernels and regularization on graphs[C]// Proceedings of 16th annual conference on learning theory and 7th kernel workshop. Washington DC: Springer Verlag, 2003: 144-158.

[160] JOACHIMS T. Transductive learning via spectral graph partitioning [C]//Proceedings of 20th international conference on machine learning. Washington DC: AAAI, 2003: 290-297.

[161] 徐云鹏.图上半监督学习若干问题的研究[D].北京:清华大学,2006.

[162] 陈洪飞.基于核化局部全局一致性学习的提升机故障诊断[J].煤矿机电,2014(3):74-76.

[163] 吴涛.核函数的性质、方法及其在障碍检测中的应用[D].长沙:国防科学技术大学,2003.

[164] 张小云,刘允才. 高斯核支撑向量机的性能分析[J]. 计算机工程,2003,29(8):22-25.

[165] ZHENG S,LIU J,TIAN J W. An SVM-based small target segmentation and clustering approach[C]//Proceedings of 2004 international conference on machine learning and cybernetics. August 26—29,2004,Shanghai,China. IEEE,2004:3318-3323.

[166] SMITS G F,JORDAAN E M. Improved SVM regression using mixtures of kernels[C]//Proceedings of the 2002 international joint conference on neural networks. May 12—17,2002,Honolulu,HI,USA. IEEE,2002:2785-2790.

[167] DAUBECHIES I. The wavelet transform,time-frequency localization and signal analysis[J]. IEEE transactions oninformation theory,1990,36(5):961-1005.

[168] MARQUEZ H J,DIDUCH C P. Sensitivity of failure detection using generalized observers[J]. Automatica,1992,28(4):837-840.

[169] YAGER R R. On the dempster-shafer framework and new combination rules[J]. Information sciences,1987,41(2):93-137.

[170] 王正友,刘济林. 提升机制动系统故障的信息融合诊断[J]. 煤炭学报,2003,28(6):650-654.

[171] PATTON R J. Robustness in model-based fault diagnosis:the 1998 situation[C]//Proceedings of IFAC workshop on on-line fault detection and supervision in the chemical process industries,1999:55-77.

[172] 何永勇,钟秉林,黄仁. 故障多征兆域一致性诊断策略的研究[J]. 振动工程学报,1999,12(4):447-453.